WOLFGANG ERNST PAULI

包立的錯誤

Ganz
falsch

量子時代的革命

反覆驗證、多方討論，
自錯誤中不斷進步的科學

盧昌海 著

目錄

謹以本書獻給我的家人

自 序

這本書照說是不必有單獨序言的，因為跟《小樓與大師：科學殿堂的人和事》和《因為星星在那裡：科學殿堂的磚與瓦》屬同一系列的文章合集，從而該像後兩者那樣共用序言。

可惜在這個本質上是非線性的世界裡，長期預測是不容易的 —— 比如在撰寫那篇序言時，我就只預計寫兩本書：一本為科學史，一本為科普 —— 並且還明確寫進了序言裡。

我的理科類的散篇文章不外乎科學史和科普，照理說那樣一分類也就一網打盡了。

然而我卻低估了多年積存的文章數量，而且也忘了自己還在繼續寫……

因此只得為這本書另撰序言。

本書所收錄的文章中，幾篇主要的都是介紹科學中的波折而非主線，從而具有花絮色彩。比如介紹了著名物理學家包立所犯的錯誤，是已成歷史的花絮；篇幅最長的〈μ子異常磁矩之謎〉是「現在進行時」的波折，因為背後的幾種主要可能 —— 理論計算存在錯誤、實驗測量存在錯誤或標準模型存在侷限 —— 皆屬波折；其他幾篇長文諸如〈追尋引力的量子理論〉和〈宇宙

學常數、超對稱及膜宇宙論〉由於是介紹尚無定論的前端探索，則有很大可能會被未來的人們判定為「花絮」。

當然，所有波折都是相對於主線而言的，對所有波折的介紹也都離不開作為背景的主線，因此讀者在這本書裡讀到的也有對主線的介紹，而非僅僅是波折。另外，當然也不排除某些波折會成為未來主線的源頭。

> 科學一直是犯著錯誤、不斷糾正著錯誤才走到今天的，永遠正確絕
> 不是科學的特徵 —— 相反，假如有什麼東西標榜自己永遠正確，
> 那倒是最鮮明不過的指標，表明它絕不是科學。

這是科學給我們的最大教益，也是我在許多科學史和科普作品中試圖傳達的觀念。

因此，希望讀者們喜歡這本書[1]。

---

1 順便說明一點，收錄在本書中的文章以寫作時間而論，時間跨度在 10 年以上，細心的讀者也許能看出寫作風格上的演變。此次收錄成書前，我對文字做過修訂，但對寫作風格及主體內容未做改動（特別是，文章中的資料資料乃是寫作之時的資料，這一點需請讀者注意）。

第一部分

數 學

01

無限集合可以比較嗎？[1]

　　大家都知道，自然數（即 0, 1, 2, 3,…）有無窮多個，平方數（即 0, 1, 4, 9,…）也有無窮多個。現在我們來考慮這樣一個問題：自然數和平方數哪個更多？有讀者也許會說：「這還用問嗎？當然是自然數多啦！」確實，平方數只是自然數的一部分，而整體大於部分，因此自然數應該比平方數更多。但細想一下，事情絕非那麼簡單。因為每個自然數都有一個平方，每個平方數也都是某個自然數的平方，兩者可以一一對應。從這個角度講，它們又誰也不比誰更多，從而應該是一樣多的，就好比兩堆石頭，就算不知道各有多少顆，如果能一顆一顆對應起來，我們就會說它們的數目一樣多。

　　同一個問題，兩個相互矛盾的答案，究竟哪一個答案正確呢？

　　像這種對無限集合進行比較（即比較元素數目）的問題，曾經讓許多科學家感到困擾。比如著名的義大利科學家伽利略就考慮過我們上面這個問題。他的結論是：那樣的比較是無法進

1　本文是受《十萬個為什麼》第六版《數學》分冊約稿而寫的詞條，但未被收錄。

行的。

不過，隨著數學的發展，數學家們最終還是為無限集合的比較建立起了系統性的理論，它的基石就是上面提到的一一對應的關係，即：兩個無限集合的元素之間如果存在一一對應，它們的元素數目就被定義為「相等」。按照這個定義，上面兩個答案中的後一個，即自然數與平方數一樣多，是正確的。

科學人

對無限集合進行比較的系統理論是德國數學家格奧爾格·康托爾（George Cantor）提出的。康托爾生於 1845 年，是集合論的奠基者。康托爾的理論是如此新穎，連他自己也曾在給朋友的信件中表示「我無法相信」。與他同時代的許多其他數學家更是對他的理論表示了強烈反對，甚至進行了尖銳攻擊。

但時間最終證明了康托爾的偉大。他的集合論成為現代數學的重要組成部分。德國數學大師大衛·希爾伯特（David Hilbert）在一篇文章中表示「沒有人能把我們從康托爾為我們開闢的樂園中趕走」。英國哲學家伯特蘭·羅素（Bertrand Russell）也稱康托爾的理論「也許是這個時代最值得誇耀的成就」。

但有讀者也許會問：前一個答案所依據的「整體大於部分」在歐幾里得的《幾何原本》中被列為公理，不也是很可靠的嗎？為什麼不能作為對無限集合進行比較的基石呢？這是因為，兩個無限集合之間通常並不存在一個是另一個的部分那樣的關係。比如平方數的集合與質數（即 2, 3, 5, 7, …）的集合就誰也

不是誰的部分。如果用「整體大於部分」作為基石，就會無法比較。

　　不過，「整體大於部分」也並沒有被拋棄，因為在無限集合的比較中，還會出現這樣的情形，那就是一個無限集合的元素能與另一個無限集合的一部分元素一一對應，卻不能與它的全體元素一一對應。在這種情形下，數學家們就會依據「整體大於部分」的原則，將後一個無限集合的元素數目定義為「大於」前一個無限集合的元素數目（或前一個無限集合的元素數目「小於」後一個無限集合的元素數目）。這種情形的一個例子，是自然數集合與實數集合的比較。很明顯，自然數集合的元素（即自然數）能與實數集合的一部分元素（即實數中的自然數）一一對應，但它能否與實數集合的全體元素（即實數）一一對應呢？答案是否定的（參閱「小博士」）。因此自然數集合的元素數目「小於」實數集合的元素數目。

小博士

　　我們在正文中舉過一個例子，那就是自然數集合的元素數目「小於」實數集合的元素數目。現在讓我們來證明這一點。我們要證明的是自然數不能與 0 和 1 之間的實數一一對應（從而當然也不能與全體實數一一對應）。

　　我們用反證法：假設存在那樣的一一對應，那麼 0 和 1 之間的實數就都能以自然數為序號羅列出來。但是，我們總可以構造出一個新實數，它小數點後的每個數字都在 0 和 9 之間，並且第 n 位數字選成與第 n 個實數的小數點後第 n 位數字不同。顯然，

這樣構造出來的實數與任何一個被羅列出來的實數都不同（因為小數點後至少有一個數字不同）。這與 0 和 1 之間的實數都能以自然數為序號羅列出來相矛盾。這個矛盾表明自然數是不能與 0 和 1 之間的實數一一對應的。

這個證明所用到的構造新實數的方法被稱為對角線方法，它在無限集合的比較中是一種很重要的方法。

現在我們知道了在無限集合的元素數目之間可以定義「等於」、「大於」、「小於」這三種比較關係。但這還不等於回答了「無限集合可以比較嗎？」這一問題。因為我們還不知道會不會有某些無限集合，它們之間這三種關係全都不滿足。那樣的情形如果出現，就說明有些無限集合是不能比較的 —— 起碼是不能用我們上面定義的這三種關係來比較。

那樣的情形會不會出現呢？這是一個很棘手的問題，涉及數學中一個很重要的分支 —— 集合論 —— 的微妙細節。而集合論有幾個不同的「版本」，它們對這一問題的答案不盡相同。因此從某種意義上講，這可以算是一個有爭議的問題。不過，對於目前被最多數學家所使用的「版本」來說，這一問題的答案是明確的，即：那樣的情形不會出現。換句話說，任何兩個無限集合都是可以比較的。

02

實數都是代數方程式的根嗎？ [2]

　　讀者們大都在學校裡學過解方程式，其中解得最多的就是所謂代數方程式，比如 $3x-1=0$, $x^2+2x-8=0$，等等。這些方程式的一個主要特點，就是每一個包含未知數的項都只包含未知數的正整數次冪。除此之外，代數方程式還有一個很重要的特點，那就是項的數目是有限的。

　　現在，我們要回答這樣一個問題：實數都是代數方程式的根嗎？不過，僅憑上面的定義，這個問題是簡單得毫無意義的，因為所有實數 r 顯然都是代數方程式 $x-r=0$ 的根，因此答案是肯定的。為了讓問題有一定難度，我們要對上面的定義加一個限制，那就是每一項的係數（包括常數項）都只能是有理數。加上這一限制後的代數方程式確切地講應稱為「有理數域上的代數方程式」，不過為簡潔起見，我們仍將其稱為「代數方程

2　本文收錄於《十萬個為什麼》第六版《數學》分冊，發表稿受到編輯的某些刪改，標題改為了《實數都是整數係數代數方程式的根嗎？》。

014

式」[3]。

現在讓我們重新來回答「實數都是代數方程式的根嗎？」這一問題。首先很明顯的是，所有有理數 q 都是代數方程式 $x-q=0$ 的根。其次，學過一元二次方程式的讀者都知道，雖然所有係數都被限製為有理數，代數方程式的根卻不一定是有理數。比如 $x^2-2=0$ 的兩個根，$\sqrt{2}$ 和 $-\sqrt{2}$，就是無理數。因此，代數方程式的根既可以是有理數，也可以是無理數，從而至少在表面上具備了表示所有實數的潛力。

但有潛力不等於能做到，關鍵得要有證明。最早對「實數都是代數方程式的根嗎？」這一問題作出回答並給予證明的是法國數學家約瑟夫‧劉維爾，他不僅證明了某些實數不是任何代數方程的根，而且還具體構造出了那樣的實數，從而以最雄辯的方式給出了答案 —— 否定的答案。

科學人

法國數學家約瑟夫‧劉維爾（Joseph Liouville）是最早證明超越數存在的數學家。他於 1844 年給出了超越數存在的證明，並於 1851 年具體構造出了用十進位小數表示的超越數。劉維爾在數學及數學物理的某些其他領域也頗有成就。

劉維爾所構造的超越數抽象意義大於實用意義。更具實用意義的超越數，最早是由法國數學家夏爾‧埃爾米特（Charles Hermite）證明的。他於 1873 年證明了 e 是超越數。埃爾米特也

3　需要提醒讀者注意的是，不同文獻對「代數方程式」的定義不盡相同。在某些文獻中，「代數方程式」按定義就是「有理數域上的代數方程式」。

在其他領域頗有貢獻，許多數學及數學物理的術語是以他的名字命名的。

　　另一位在超越數研究上作出過知名貢獻的是德國數學家費迪南德‧馮‧林德曼（Ferdinand von Lindemann）。他於 1882 年證明了 π 是超越數。林德曼在數學上沒有太多其他貢獻，但他有幾位極著名的學生，比如著名數學家大衛‧希爾伯特（David Hilbert）和赫爾曼‧閔考斯基（Hermann Minkowski），著名物理學家阿諾‧索末菲（Arnold Sommerfeld）等。

　　現在我們知道，有很多重要的實數，比如自然對數的底 e，圓周率 π，等等，都不是代數方程式的根。為了便於表述，數學家們把能夠用代數方程式的根來表示的數稱為代數數，把不能用代數方程式的根來表示的數稱為超越數。實數既包含代數數，也包含超越數。有理數與 $\sqrt{2}$ 是代數數的例子；e 和 π 則是超越數的例子。我們的問題用這一新術語可以重新表述為：實數都是代數數嗎？答案則如上所述是否定的。

小博士

　　劉維爾對超越數存在的證明並不只是構造出少數幾個特殊的超越數，而是證明了一大類實數都是超越數。為了紀念他的貢獻，那一大類實數被統稱為劉維爾數。可以證明，單劉維爾數這一種類型的超越數，就遠比代數數多。不過，跟超越數的全體相比，劉維爾數依然只是鳳毛麟角。

　　劉維爾數最初是用連分數來表示的。第一個用十進位小數表示的劉維爾數（也是第一個用十進位小數表示的超越數）是0.110001000…（小數點後面的數字規律是這樣的：小數點後第

$n!$ —— n 的階乘 —— 位的數字為 1，其餘的數字全都為零）。這個數通常被稱為劉維爾常數，但有時候也被稱為劉維爾數，雖然它只是無窮多個劉維爾數中的一個。

不過，答案雖然揭曉了，找到或證明一個具體的超越數卻往往不是容易的事情。比如對 e 和 π（尤其是 π）是超越數的證明就費了數學家們不小的力氣。而像 e+π 和 e-π 那樣的簡單組合是否是超越數，則直到今天也還是謎。

按下來我們還可以問一個問題，那就是代數數多還是超越數多？從構造和證明超越數如此困難來看，也許很多讀者會猜測是代數數多。事實卻恰恰相反。1874 年，德國數學家康托爾證明了超越數遠比代數數多（這裡所涉及的是無限集合元素數目的比較，具體可參閱前文《無限集合可以比較嗎？》）。事實上，他證明了實數幾乎全都是超越數！

超越數的存在不僅僅具有抽象的分類意義，而且可以解決一些具體的數學問題。比如，幾何中的「尺規作圖」方法所能做出的線段的長度 —— 相對於給定的單位長度 —— 可被證明為只能是代數數[4]。因此 π 是超越數這一看似只具有抽象分類意義的結果，直接證明了困擾數學家們多年的「尺規作圖三大難題」之一的「化圓為方」是不可能辦到的。

最後，我們要補充提到的是，代數方程式的根既可能是實

4　但反過來則不然，並不是所有長度由代數數表示的線段都能用「尺規作圖」的方法做出。

數，也可能是複數。相應地，代數數和超越數這兩個概念也適用於複數，並且與實數域中的情形類似，複數也並不都是代數數（事實上，複數也幾乎都是超越數）。

03

最少要多少次轉動才能讓魔術方塊復原？ [5]

魔術方塊是一種深受大眾喜愛的益智玩具。自 1980 年代初開始,這一玩具風靡了全球。

科學人

魔術方塊是匈牙利布達佩斯應用藝術學院的建築學教授厄爾諾‧魯比克(Ernö Rubik)發明的,也被稱為魯比克方塊(Rubik's cube)。魯比克最初想發明的並不是益智玩具,而是一個能演示空間轉動、幫助學生直觀理解空間幾何的教學工具。經過一段時間的考慮,他決定製作一個由小方塊組成、各個面能隨意轉動的 3×3×3 結構的立方體。

但如何才能讓立方體的各個面既能隨意轉動,又不會因此而散架呢?這一問題讓魯比克陷入了苦思。1974 年一個夏日的午後,他在多瑙河畔乘涼,當他的眼光無意間落到河畔的鵝卵石上時,忽然靈光一現,他想到了解決困難的辦法,那就是用類似於鵝卵石那樣的圓形表面來處理立方體內部的結構。由此他完成了

---

5 本文收錄於《十萬個為什麼》第六版《數學》分冊,發表稿受到編輯的某些刪改,標題改為了《為什麼 20 次轉動能確保任意初始狀態的魔術方塊復原?》。

> 魔術方塊的設計。

　　魔術方塊為什麼會有這麼大的魅力呢？那是因為它具有幾乎無窮無盡的顏色組合。標準的魔術方塊是一個 3×3×3 結構的立方體，每個面最初都有一種確定的顏色。但經過許多次隨意的轉動之後，那些顏色將被打亂。這時如果你想將它復原（即將每個面都恢復到最初時的顏色），可就不那麼容易了。因為魔術方塊的顏色組合的總數是一個天文數字：約 43,252,003,274,489,856,000。如果我們把所有這些顏色組合都做成魔術方塊，並讓它們排成一行，能排多遠呢？能從台北排到屏東嗎？不止。能從臺灣排到美國嗎？不止。能從地球排到月球嗎？不止。能從太陽排到海王星嗎？不止。能從太陽系排到比鄰星嗎？也不止！事實上，它的長度足有 250 光年！

　　魔術方塊的顏色組合如此眾多，使得魔術方塊的復原成了一件需要技巧的事情。如果不掌握技巧地隨意嘗試，一個人哪怕從宇宙大爆炸之初就開始玩魔術方塊，也幾乎沒有可能將一個魔術方塊復原。但是，純熟的玩家卻往往能在令人驚嘆的短時間內就將魔術方塊復原，這表明只要掌握技巧，使魔術方塊復原所需的轉動次數並不太多。

小博士

　　自 1981 年起，魔術方塊愛好者們開始舉辦世界性的魔術方塊大賽。在這種大賽中，不斷有玩家刷新最短復原時間的世界紀

錄。截至 2011 年底，最短單次復原時間的世界紀錄為 5.66 秒；最短多次復原平均時間的世界紀錄則為 7.64 秒。

不過，玩家們復原魔術方塊所用的轉動次數並不是理論上最少的次數（即並不是「上帝之數」），因為他們採用的是便於人腦掌握的方法，追求的則是最短的復原時間。多幾次轉動雖然要多花一點時間，但比起尋找理論上最少的轉動次數來仍要快速得多 —— 事實上，後者往往根本就不是人腦所能勝任的。

那麼，最少要多少次轉動才能讓魔術方塊復原呢？或者更確切地說，最少要多少次轉動才能確保任意顏色組合的魔術方塊都被復原呢？這個問題不僅讓魔術方塊愛好者們感到好奇，還引起了一些數學家的興趣，因為它是一個頗有難度的數學問題。數學家們甚至給這個最少的轉動次數取了一個很氣派的別名，叫做「上帝之數」。

自 1990 年代起，數學家們就開始尋找這個神祕的「上帝之數」。

尋找「上帝之數」的一個最直接的思路是大家都能想到的，那就是對所有顏色組合逐一計算出最少的轉動次數，它們中最大的那個顯然就是能確保任意顏色組合都被復原的最少轉動次數，即「上帝之數」。可惜的是，那樣的計算是世界上最強大的電腦也無法勝任的，因為魔術方塊的顏色組合實在太多了。

怎麼辦呢？數學家們只好訴諸他們的老本行 —— 數學。1992 年，一位名叫赫伯特・科先巴（Herbert Kociemba）的德國

數學家提出了一種分兩步走的新思路。那就是先將任意顏色組合轉變為被他用數學手段選出的特殊顏色組合中的一個，然後再復原。這樣做的好處是每一步的計算量都比直接計算「上帝之數」小得多。運用這一新思路，2007 年，「上帝之數」被證明了不可能大於 26。也就是說，只需 26 次轉動就能確保任意顏色組合的魔術方塊都被復原。

但這個數字卻還不是「上帝之數」，因為科先巴的新思路有一個明顯的侷限，那就是必須先經過他所選出的特殊顏色組合中的一個。但事實上，某些轉動次數最少的復原方法是不經過那些特殊顏色組合的。因此，科先巴的新思路雖然降低了計算量，找到的復原方法卻不一定是轉動次數最少的。

為了突破這個侷限，數學家們採取了一個折衷手段，那就是適當地增加特殊顏色組合的數目，因為這個數目越大，轉動次數最少的復原方法經過那些特殊顏色組合的可能性也就越大。當然，這麼做無疑會增大計算量。不過，電腦技術的快速發展很快就抵消了計算量的增大。2008 年，電腦高手湯姆·羅基茨基（Tom Rokicki）用這種折衷手段把對「上帝之數」的估計值壓縮到了 22。也就是說，只需 22 次轉動就能確保任意顏色組合的魔術方塊都被覆原。

那麼，22 這個數字是否就是「上帝之數」呢？答案仍是否定的。這一點的一個明顯徵兆，就是人們從未發現任何一種顏色組合需要超過 20 次轉動才能復原。這使人們猜測「上帝之數」

應該是 20（它不可能小於 20，因為有很多顏色組合已被證明需要 20 次轉動才能復原）。2010 年 7 月，這一猜測終於被科先巴本人及幾位合作者所證明。

因此，現在我們可以用數學特有的確定性來回答「最少要多少次轉動才能讓魔術方塊復原？」了，答案就是：20 次。

04

為什麼說黎曼猜想是最重要的數學猜想？[6]

1900 年的一個夏日，兩白多位最傑出的數學家在法國巴黎召開了一次國際數學家大會。會上，著名德國數學家希爾伯特作了一次題為「數學問題」的重要演講。在演講中，他列出了一系列在他看來最重要的數學難題。那些難題吸引了眾多數學家的興趣，並對數學的發展產生了深遠影響。

一百年後的 2000 年，美國克雷數學研究所的數學家們也在法國巴黎召開了一次數學會議。會上，與會者們也列出了一些在他們看來最重要的數學難題。他們的聲望雖無法與希爾伯特相比，但他們做了一件希爾伯特做不到的事情：為每個難題設立了一百萬美元的鉅額獎金。

這兩次遙相呼應的數學會議除了都在法國巴黎召開外，還有一個令人矚目的共同之處，那就是在所列出的難題之中，有

---

6 本文收錄於《十萬個為什麼》第六版《數學》分冊，發表稿受到編輯的某些刪改，標題改為了《為什麼黎曼猜想如此重要？》。

一個 —— 並且只有一個 —— 是共同的。

這個難題就是黎曼猜想（Riemann hypothesis），它被很多數學家視為是最重要的數學猜想。

科學人

黎曼猜想是一位名叫伯恩哈德·黎曼（Bernhard Riemann）的數學家提出的。黎曼是一位英年早逝的德國數學家，出生於 1826 年，去世於 1866 年，享年還不到 40 歲。黎曼的一生雖然短暫，卻對數學的很多領域都做出了巨大貢獻，影響之廣甚至波及了物理。比如以他名字命名的「黎曼幾何」不僅是重要的數學分支，而且成為阿爾伯特·愛因斯坦（Albert Einstein）創立廣義相對論不可或缺的數學工具。

1859 年，32 歲的黎曼被選為柏林科學院的通訊院士。作為對這一崇高榮譽的回報，他向柏林科學院提交了一篇題為《論小於給定數值的質數個數》的論文。那篇只有短短 8 頁的論文就是黎曼猜想的「誕生地」。

為什麼說黎曼猜想是最重要的數學猜想呢？是因為它非常艱深嗎？不是。當然，黎曼猜想確實是非常艱深的，它自問世以來，已經有一個半世紀以上的歷史。在這期間，許多知名數學家付出了艱辛的努力，試圖解決它，卻迄今沒有人能夠如願。但是，如果僅僅用艱深來衡量的話，那麼其他一些著名數學猜想也並不遜色。比如費馬猜想（Fermat's conjecture）是經過三個半世紀以上的努力才被證明的；哥德巴赫猜想（Goldbach's conjecture）則比黎曼猜想早了一個多世紀就問世了，卻跟黎曼

猜想一樣迄今屹立不倒。這些紀錄無疑也都代表著艱深，而且是黎曼猜想也未必打得破的。

　　那麼，黎曼猜想被稱為最重要的數學猜想，究竟是什麼原因呢？首要的原因是它跟其他數學命題之間有著千絲萬縷的聯繫。據統計，在今天的數學文獻中已經有一千條以上的數學命題是以黎曼猜想（或其推廣形式）的成立為前提的。這表明黎曼猜想及其推廣形式一旦被證明，對數學的影響將是十分巨大的，所有那一千多條數學命題就全都可以榮升為定理；反之，如果黎曼猜想被推翻，則那一千多條數學命題中也不可避免地會有一部分成為陪葬。一個數學猜想與為數如此眾多的數學命題有著密切關聯，這在數學中可以說是絕無僅有的。

　　其次，黎曼猜想與數論中的質數分布問題有著密切關係。而數論是數學中一個極重要的傳統分支。質數分布問題則又是數論中極重要的傳統課題，一向吸引著眾多的數學家。這種深植於傳統的「高貴」也在一定程度上增加了黎曼猜想在數學家們心中的地位和重要性。

　　再者，一個數學猜想的重要性還有一個衡量標準，那就是在研究該猜想的過程中能否產生出一些對數學的其他方面有貢獻的結果。用這個標準來衡量，黎曼猜想也是極其重要的。事實上，數學家們在研究黎曼猜想的過程中所取得的早期成果之一，就直接導致了有關質數分布的一個重要命題 —— 質數定理 —— 的證明。而質數定理在被證明之前，本身也是一個有著

一百多年歷史的重要猜想。

最後，並且最出人意料的，是黎曼猜想的重要性甚至超出了純數學的範圍，而「侵入」到了物理學的領地上。1970 年代初，人們發現與黎曼猜想有關的某些研究，居然跟某些非常複雜的物理現象有著顯著關聯。這種關聯的原因直到今天也還是一個謎。但它的存在本身，無疑就進一步增加了黎曼猜想的重要性。

有這許多原因，黎曼猜想被稱為最重要的數學猜想是當之無愧的。

小博士

黎曼猜想的內容無法用完全初等的數學來描述。粗略地說，它是針對一個被稱為黎曼 ζ 函數的複變量函數（變量與函數值都可以在複數域中取值的函數）的猜想。黎曼 ζ 函數跟許多其他函數一樣，在某些點上的取值為零，那些點被稱為黎曼 ζ 函數的零點。在那些零點中，有一部分特別重要的被稱為黎曼 ζ 函數的非平凡零點。黎曼猜想所猜測的是那些非平凡零點全都分布在一條被稱為「臨界線」的特殊直線上。

黎曼猜想直到今天仍然懸而未決（既沒有被證明，也沒有被推翻）。不過，數學家們已經從分析和數值計算這兩個不同方面入手，對它進行了深入研究。截至本文寫作之時，在分析方面所取得的最強結果是證明了至少有 41.28% 的非平凡零點位於臨界線上；而數值計算方面所取得的最強結果則是驗證了前十萬億個非平凡零點全都位於臨界線上。

05

為什麼巴西的蝴蝶有可能引發德克薩斯的颶風？ [7]

很多科學愛好者也許都會對 1960 至 1970 年代興起，直到今天依然比較熱門的一個被稱為「混沌」的學科有些印象。1987年，美國作家詹姆斯·格雷克（James Gleick）寫了一本榮獲普立茲獎的熱門圖書，叫做《混沌：開創新科學》（*Chaos: Making a New Science*）。這本風靡一時的科普圖書的第一章的標題叫做「蝴蝶效應」。這一名稱後來被電影導演看中，成了 2004 年一部票房不錯的科幻電影的片名。

科學人

「蝴蝶效應」乃至混沌理論之所以成為熱門，在很大程度上得益於美國氣象學家愛德華·羅倫茲（Edward Lorenz）的一項研究。羅倫茲出生於 1917 年，是混沌理論的先驅者之一。二戰期間，羅倫茲曾為美國空軍提供氣象預測服務。這一工作使他對氣象學產生了持久的興趣，並在戰後繼續從事氣象學研究。氣象學也因

7　本文收錄於《十萬個為什麼》第六版《數學》分冊，發表稿受到編輯的某些刪改，標題改為了《為什麼巴西的蝴蝶拍動翅膀有可能引發德克薩斯的颶風？》。

此成為混沌理論的「誕生地」之一，「蝴蝶效應」這一來自氣象學的通俗比喻也應運而生。

　　早在羅倫茲之前，混沌理論的許多基本特點就已經被一些科學家注意到了，一些重要結論也已經得到了確立。但也許是缺乏通俗例子的緣故，那些研究沒有引起足夠的關注。直到1959年，羅倫茲在氣象學研究中，發現了後來被稱為「蝴蝶效應」的通俗例子之後，混沌理論才開始引起較多的關注。從這個意義上講，羅倫茲可以說是重新發現了混沌理論的某些特點。

　　這個被圖書作者和電影導演共同採用的「蝴蝶效應」究竟是什麼呢？我們來簡單介紹一下。所謂「蝴蝶效應」，是對混沌理論中一個重要特徵的通俗表述，即認為一隻巴西的蝴蝶拍動翅膀，就有可能在美國的德克薩斯州引發一場龍捲風。這個名稱一般被認為是混沌理論的早期研究者、美國氣象學家羅倫茲提出的。但那其實是一個誤會。羅倫茲本人無論在論文還是研究報告中，都沒有率先使用過這一術語。他倒是曾經用海鷗來作過比喻。蝴蝶的登場乃是1972年他參加一次會議時所發生的小意外。那一次，他沒有及時提供自己報告的標題，會議主持者就替他擬了一個，叫做《巴西的蝴蝶拍動翅膀會引發德克薩斯的颶風嗎？》。小小的蝴蝶從此成為混沌理論的「形象代言」。

小博士

　　羅倫茲發現「蝴蝶效應」的經過頗有戲劇性。他當時研究的是一個非線性的氣象模型，動用的是用今天的標準衡量起來極為簡陋的電腦。他的計算曠日持久。但平靜的日子在某一天被打破

了。那一天，羅倫茲決定對某部分計算進行更仔細的分析，於是他從原先輸出的計算結果中選出一行資料，作為初始條件輸入程式，讓電腦從那一行資料開始重新運行。但一個小時之後，他吃驚地發現新的計算與原先的計算大相逕庭。這是怎麼回事呢？相同的初始條件怎麼會產生不同的結果呢？經過仔細分析，他終於明白了原因，那就是他的輸出資料只保留了小數點後三位數字，比計算過程中的資料來得粗糙。因此，當他用一行輸出資料作為初始資料時，與原先計算中對應於這一行的更精確的資料相比，有了細微的偏差。正是這細微的偏差，出人意料地演變出了大相逕庭的結果，這就是如今被稱為「蝴蝶效應」的現象。

　　但是，世界上真的會有一隻蝴蝶拍動翅膀，就有可能在萬里之外引發龍捲風的事情嗎？按照混沌理論，答案是肯定的。事實上，這只不過是對一個很久以來就被人們注意到的，細微因素有時會產生巨大影響這一現象的富有戲劇性的表述而已。俗話中的「失之毫釐，差之千里」、「牽一髮動全身」等，都在一定程度上體現了這種現象，只不過以往沒有人把它上升到理論高度，也沒有人為它構築理論模型而已。這種情況自 19 世紀末以來其實就已經有了變化，陸續有科學家注意到了在一些被稱為非線性體系的複雜體系中，會出現體系狀態隨時間的演化極端敏感地依賴於初始條件的現象，即初始條件哪怕有極細微（就像蝴蝶拍動翅膀造成的大氣擾動那樣細微）的變化，在經過一段時間之後，也有可能會演變成極巨大（就像龍捲風所造成的天氣變化那樣巨大）的差異。這種現象正是「蝴蝶效應」。

「蝴蝶效應」雖然在日常生活中就有許多體現，但它對一些科學家來說，卻是一件出乎意料的事情。因為長期以來，科學一直享有著能對自然現象作出精密預言的崇高聲譽。以天文學為例，天文學家們能夠對日食和月食的發生時間，對幾十億千公尺之外的行星運動等等，作出很精密的預言。這些預言都離不開初始條件，即體系在某個時刻的狀態。而對初始條件的觀測總是有誤差的。因此，科學的高度精密給很多科學家一個印象，那就是只要初始條件的誤差很小，預言就可以很精確。而蝴蝶效應的發現在很大程度上顛覆了這個印象。在有蝴蝶效應的體系中，像天文學家們習以為常的那種精密預言將變得不再可能。混沌理論中的「混沌」兩字就在一定程度上體現了人們對這種無法做出精密預言的新局面的困惑。

　　不過，混沌理論並非只是一團「混沌」。它在最近幾十年裡能夠引起大量的關注，是因為它在顛覆某些傳統印象的同時，引進了一系列重要的概念，以及分析複雜現象的新手段，並且它還帶給人們一個很重要的啟示，那就是表面上看起來並不複雜的很多規律，有可能蘊含著高度複雜的內涵。這一點對於我們理解周圍這個本質上是複雜體系的自然界是很有幫助的。

第二部分

物 理

06

包立的錯誤

6.1 引言

我曾兩度撰寫過有關奧地利物理學家沃爾夫岡・包立（Wolfgang Pauli）的文章。如今，我又想起了包立，就再寫一篇有關他的文章吧。

奧地利物理學家包立

其實早在三年前撰寫波耳的錯誤時，我就萌生過一個念頭，那就是繼《愛因斯坦的錯誤》（譯作）和《波耳的錯誤》之後，若還有哪位現代物理學家的錯誤值得一寫的話，就得是包立了。這也正是本文的主題 —— 包立的錯誤 —— 之緣起。

在《波耳的錯誤》中我曾寫道：

波耳的錯誤雖然遠不如愛因斯坦的錯誤那樣出名，甚至可以說是冷僻話題，但他在犯錯時卻是比愛因斯坦更具「那個時代的精神與背景」的領神科學家，他的錯誤也因此要比愛因斯坦的錯誤更能讓人洞察「那個時代的精神與背景」。

現在要寫包立的錯誤，自然就想到了一個有趣的問題：如果說愛因斯坦的錯誤最出名，波耳的錯誤最有代表性，那麼包立的錯誤有什麼特點呢，或者說「最」在哪裡呢？我認為是最有戲劇性。

這戲劇性來自包立本人的一個鮮明特點，那便是我在〈讓包立敬重的三個半物理學家〉一文中介紹過的，包立是一位以批評尖刻和不留情面著稱的物理學家。而且包立的批評尖刻和不留情面絕不是「信口開河」型的，而是以縝密思維和敏銳目光為後盾的，唯其如此，他的批評有著很重的分量，受到同行們的普遍重視，或者用波耳的話說：「每個人都急切地想要知道包立對新發現和新思想的總是表達得強烈而有幽默感的反應。」波耳不僅這麼說了，而且還「身體力行」地為他所說的「每個人」做了最好的注腳。在波耳給包立的信中，常常出現諸如「我當然也

很迫切地想聽到您對論文內容的意見」（1924 年 2 月 16 日信），「請給予嚴屬的批評」（1926 年 2 月 20 日信），「我將很樂意聽取您有關所有這些的看法，無論您覺得適宜用多麼溫和或多麼嚴屬的語氣來表達」（1929 年 7 月 1 日信）那樣的話。這種批評尖刻和不留情面的鮮明特點，可作後盾的縝密思維和敏銳目光，以及所受同行們的普遍重視，都使得包立的錯誤具有了別人的錯誤難以企及的戲劇性。

與波耳的情形相似，關於包立究竟犯過多少錯誤，似乎也沒有人羅列過，不過也可以肯定，他犯錯的數量與類型都遠不如愛因斯坦那樣「豐富多彩」。原因呢，也跟波耳的相似，即「與其說是他在避免犯錯方面比愛因斯坦更高明，不如說是因為他的研究領域遠不如愛因斯坦的寬廣，從而犯錯的土壤遠不如愛因斯坦的肥沃」（《波耳的錯誤》）—— 當然，這都是跟愛因斯坦相比才有的結果，若改為是跟一位普通的物理學家相比，則無論波耳還是包立的研究領域都是極為寬廣的。

那麼，在包立所犯的錯誤之中，有哪些最值得介紹呢？我覺得有兩個：一個關於電子自旋（electron spin），一個關於宇稱守恆（parity conservation）。

6.2 包立的第一次錯誤：電子自旋

電子自旋概念的誕生有一段雖不冗長卻不無曲折的歷史，而這曲折在很大程度上受到了包立的影響。在很多早期教科書

或現代教科書的早期版本中，電子自旋概念都被敘述成是 1925 年底由荷蘭物理學家喬治・烏倫貝克（George Uhlenbeck）和塞繆爾・古德斯米特（Samuel Goudsmit）首先提出的。這一敘述以單純的發表時間及以發表時間為依據的優先權而論，是正確的，但從歷史的角度講，卻不無可以補正的地方。事實上，在比烏倫貝克和古德斯米特早了大半年的 1925 年 1 月，德國物理學家拉爾夫・克勒尼希（Ralph Kronig）就提出了電子自旋的假設，而且他的工作比烏倫貝克和古德斯米特的更周詳，比如對後者最初沒有分析，甚至不知道該如何分析的鹼金屬原了雙線光譜（doublet spectra of alkali atoms）進行了分析。

克勒尼希是美國哥倫比亞大學的博士研究生，當時正在位於圖賓根（Tübingen）的德國物理學家阿爾弗雷德・朗德（Alfred Landé）的實驗室訪問。克勒尼希提出電子自旋的假設之後不久，包立恰巧也到朗德的實驗室訪問。於是他就見到了這位比自己想像中午輕得多的著名物理學家（克勒尼希後來回憶說，他當時想像的包立是比自己大得多並且留鬍子的）。可是，聽克勒尼希敘述了自己的想法後，包立卻當頭潑了他一盆冷水：「這確實很聰明，但當然是跟現實毫無關係的。」這冷水大大打擊了克勒尼希對自己假設的信心，使他沒有及時發表自己的想法。約一年之後，當他見到烏倫貝克和古德斯米特有關電子自旋的論文引起反響時，不禁驚悔交集，在 1926 年 3 月 6 日給荷蘭物理學家亨德里克・克喇末（Hendrik Kramers）的信中這樣寫道：

> 我特別意外而又最感滑稽地從 2 月 20 日的《自然》上注意到，帶磁
> 矩的電子在理論物理學家們中間突然又得寵了。但是烏倫貝克和古
> 德斯米特為什麼不敘述為說服懷疑者而必須給出的新論據呢？……
> 我有些後悔因否定意見而沒在當時發表任何東西……今後我將多相
> 信自己的判斷而少相信別人的。

這裡提到的「帶磁矩的電子」就是指有自旋的電子，因為
有自旋的電子必定有磁矩（在「自旋」一詞足夠流行之前，有
自旋的電子常被稱為「帶磁矩的電子」、「磁性電子」、「旋轉電
子」等）。克勒尼希之所以表示「特別意外而又最感滑稽」，並提
到「為說服懷疑者而必須做出的新論據」，是因為 —— 如前所
述 —— 他在電子自旋方面的工作比烏倫貝克和古德斯米特的
更周詳，卻被包立潑了冷水。不僅如此，他在幾個月後曾訪問
過哥本哈根，在那裡跟克喇末本人及維爾納・海森堡（Werner
Heisenberg）也談及過電子自旋假設，卻也沒得到積極反響。而
短時間之後，烏倫貝克和古德斯米特有關電子自旋的並不比他
當年更深入、也並無新論據的論文卻引起了反響。

克喇末是波耳在哥本哈根的合作者，因此波耳也很快知悉
了此事，他寫信給克勒尼希表達了驚愕和遺憾，並希望他告知
自己想法的詳細演變，以便在注定會被寫入史冊的電子自旋概
念的歷史之中得到記載。收到波耳的信時克勒尼希已將自己的
工作整理成文，寄給了《自然》（該論文於 1926 年 4 月發表）。
在給波耳的回信中他寫道：

> ……在有關電子自旋上公開提到我自己，我相信還是不做這樣的事

情為好，因為那只會使情勢複雜化，而且也很可能使烏倫貝克和古德斯米特不高興。如果不是為了嘲弄一下那些誇誇其談型的、對自己見解的正確性總是深信不疑的物理學家，我是根本不會提及此事的。但歸根究柢，這種虛榮心的滿足也許是他們力量的源泉，或使他們對物理的興趣持續燃燒的燃料，因此人們也許不該為此而怪罪他們。

這段話雖未點名，但顯然是在批評包立，語氣則是苦澀中帶著克制。也許正是由於克勒尼希親自表達的這種克制，使得電子自旋概念歷史發展中的這段曲折在後來較長的時間裡，主要只在一些物理學家之間私下流傳，而未在諸如波耳的科莫（Como）演講（1927 年）、包立的諾貝爾演講（1946 年）等公開演講中被提及，也未被多數教科書及專著所記載。

包立對電子自旋的反對並不僅限於針對克勒尼希，烏倫貝克和古德斯米特的論文也受到了他「一視同仁」的反對。烏倫貝克和古德斯米特的論文發表之後不久的 1925 年 12 月 11 日有一場物理學家們的盛大「派對」，主題是慶祝荷蘭物理學家亨德里克・勞侖茲（Hendrik Lorentz）獲博士學位 50 週年，地點在勞侖茲的學術故鄉萊頓（Leiden），參加者包括愛因斯坦和波耳。其中波耳在前往萊頓途中於 12 月 9 日經過包立的「老巢」漢堡（Hamburg），包立和德國物理學家奧托・斯特恩（Otto Stern）一同到車站與波耳進行了短暫的會面。據波耳回憶，在會面時包立和斯特恩「都熱切地警告我不要接受自旋假設」。由於波耳當時確實對自旋假設尚存懷疑，原因是對「自旋 - 軌道耦

合」（spin-orbit coupling）的機制尚有疑問，這 —— 用波耳的話說 —— 使得包立和斯特恩「鬆了口氣」。

不過那口氣沒鬆太久，因為波耳的懷疑一到萊頓就被打消了 —— 在萊頓他見到了愛因斯坦，愛因斯坦一見面就問波耳關於旋轉電子他相信什麼，波耳就提到了自己有關「自旋 - 軌道耦合」機制的疑問。愛因斯坦回答說那是相對論的一個直接推論。這一回答 —— 用波耳自己的話說 —— 使他「茅塞頓開」，「從此再不曾懷疑我們終於熬到了苦難的盡頭」。這裡，波耳提到的「苦難」是指一些已困擾了物理學家們一段時間，不用自旋假設就很難解釋的諸如反常塞曼效應、鹼金屬原子雙線光譜那樣的問題，而「自旋 - 軌道耦合」是解釋鹼金屬原子雙線光譜問題的關鍵。從萊頓返回之後，在給好友保羅・埃倫費斯特（Paul Ehrenfest）的信中，波耳表示自己已確信電子自旋是「原子結構理論中一個極其偉大的進展」。

就這樣，不顧包立和斯特恩的「熱切警告」，波耳「皈依」了電子自旋假設，並開始利用自己非同小可的影響力推廣這一假設。在參加完「派對」的返回途中，他先後見到了海森堡和包立，試圖說服兩人接受自旋假設。結果是海森堡未能抵擋住波耳的雄辯，他在給包立的信中表示自己「受到了波耳樂觀態度的很大影響」，「以至於為磁性電子而高興了」。包立則不同，雖不知怎的一度給波耳留下了良好的自我感覺，以至於使後者在 12 月 22 日給埃倫費斯特的信中表示「我相信我起碼已成功地使海

森堡和包立意識到了他們此前的反對不是決定性的」，實際上卻始終沒有停止過「頑抗」，而且不僅自己「頑抗」，還一度影響到了已站到波耳一邊的海森堡，使之又部分地站到了包立一邊。

　　包立和海森堡雖都才二十幾歲，卻都早已是成熟而有聲譽的物理學家了，尤其海森堡，當時已是矩陣力學的創始人。他們繼續對自旋假設持反對看法並不是意氣之舉，而是有細節性的理由的，那理由就是基於電子自旋對鹼金屬原子雙線光譜問題所作的計算尚存在一個「因子 2」（factor of 2）的問題，即計算結果比觀測值大了一倍。這個為包立和海森堡的「頑抗」提供了最後堡壘的問題一度難倒了所有人，最終卻被一位英國年輕人盧埃林·托馬斯（Llewellyn Thomas）所發現的如今被稱為「托馬斯進動」（Thomas precession）的相對論效應所解決。托馬斯進動的存在，尤其是它居然消除了「因子 2」那樣顯著的差異，而不像普通相對論效應那樣只給出 v/c 一類的小量，大大出乎了當時所有相對論專家的意料。

　　托馬斯的這項工作是在哥本哈根完成的，波耳自然「近水樓臺先得月」，在第一時間就知曉了。正為難以說服包立和海森堡而頭疼的他非常高興，於 1926 年 2 月 20 日給兩人各寫了一封信，介紹托馬斯的這項他稱之為「對博學的相對論理論家及負有重責的科學家們來說是一個驚訝」的工作。其中在給海森堡的信中，他幾乎是以宣告勝利的口吻滿意而幽默地表示「我們甚至不曾在包立對我的慣常魯莽所持的嚴父般的批評面前驚慌失措」。

　　不過，口吻雖像是宣告勝利，波耳的信其實並未造成即刻的說服作用。海森堡和包立收信後都提出了「上訴」，其中態度不太堅定的海森堡的「上訴」口吻也不那麼堅定，只表示了自己尚不能理解托馬斯的論證，「我想您對於不能很快理解這個的讀者的糊塗是應該給予適當的照顧的。」包立則不僅先後寫了兩封回信對托馬斯的論證進行駁斥，並且建議波耳阻止托馬斯論文的發表或令其作出顯著修改。稍後，古德斯米特訪問了包立，他也試圖說服包立接受托馬斯的論證，並且帶來了托馬斯的論文。包立依然不為所動，在給克喇末的信中強力反駁。包立的反對理由之一是不相信像托馬斯所考慮的那種運動學因素能解決問題，在他看來，假如電子果真有自旋，就必須得有一個關於電子結構的理論來描述它，這個理論必須能解釋諸如電子質量之類的性質。但是，波耳 3 月 9 日的一封強調問題的癥結在於運動學的信終於成功地完成了說服的使命。三天後，即 3 月 12 日，包立在回信中表示：「現在我別無選擇，只能無條件地投降了」，「我現在深感抱歉，因為我的愚蠢給您添了那麼多麻煩」。在信的最後，包立重複了自己的歉意：「再次請求寬恕（也請托馬斯先生寬恕）。」

　　包立的「投降書」標誌著電子自旋概念得到公認的最後「障礙」被「攻克」，也結束了包立的第一次錯誤。關於這次錯誤，托馬斯曾在 1926 年 3 月 15 日給古德斯米特的信中作過幾句戲劇性 —— 甚至不無戲謔性 —— 的評論：「您和烏倫貝克的運氣很好，你們有關電子自旋的論文在被包立知曉之前就已發表並得

到了討論」，「一年多前，克勒尼希曾想到過旋轉電子並發表了他的想法，包立是他向之出示論文的第一個人……也是最後一個人」，「所有這些都說明上帝的萬無一失並未延伸到自稱是其在地球上的代理的人身上。」。

不過，雖然包立這次錯誤的過程及最終的「無條件地投降」和「請求寬恕」都有一定的戲劇性——尤其是與他批評尖刻和不留情面的名聲相映成趣的戲劇性，但真正的戲劇性卻是在幕後。事實上，在電子自旋概念的問世過程中，看似扮演了「反派角色」的包立在很大程度上其實是最重要的幕後推手。不僅如此，關於包立這次錯誤本身，我們也有一些可以替他辯解的地方。這些——以及包立跟克勒尼希彼此關係的後續發展等——我們將作為包立第一次錯誤的幕後花絮，在下一節中進行介紹。

6.3 第一次錯誤的幕後花絮

讀者們想必還記得，上一節的敘述是從 1925 年 1 月克勒尼希提出電子自旋假設開始的。在本節中，為了介紹幕後花絮，我們將把時間範圍稍稍延展一點，從跟克勒尼希、烏倫貝克、古德斯米特有關的事件往前推一小段時間。在那段時間裡，一個很顯著的事實是：比那幾位「年輕人」（其實烏倫貝克跟包立同齡，另兩位也只略小）都更早，包立就已對後來成為電子自旋概念之例證的若干實驗難題展開了研究。

這種研究的一個典型例子，是從 1922 年秋天到 1923 年秋天那段時間裡，包立對反常塞曼效應（anomalous Zeeman effect）所做的思考。1946 年，包立在《科學》（*Science*）雜誌撰文回憶當時的情形時，寫過一段被廣為引述的話：

> 一位同事看見我在哥本哈根美麗的街道上漫無目的地閒逛，便友好地對我說：「你看起來很不開心啊。」我則惡狠狠地回答說：「當一個人思考反常塞曼效應時，他看上去怎麼會開心呢？」

不過，儘管「看起來很不開心」，包立的思考還是有成果的。比如當時雖不成功但比較流行的一種設想，是用原子內層電子組成的所謂「核心」（core）的性質來解釋那些實驗難題，包立則認為外層電子的性質才是問題的關鍵所在。這種將注意力由群體性的內層電子轉向個體性的外層電子的做法，是往解決問題的正確方向邁出的重要一步。

更重要的一步則是 1924 年底，包立在對包括那些實驗難題在內的大量實驗現象及理論模型進行分析的基礎之上，提出了著名的包立不相容原理（Pauli exclusion principle）。

雖然包立是我非常喜歡，並且是迄今唯一寫過多篇文章加以介紹的物理學家，但平心而論，與同時代的其他量子力學先驅 —— 尤其是與他幾乎同齡的海森堡和保羅·狄拉克（Paul Dirac）—— 的貢獻相比，「包立不相容原理」這一包立的「招牌貢獻」是比較遜色的，簡直就是一個經驗定則。這一點包立本人估計也是清楚的 —— 據印度裔美國科學史學家賈格迪什·梅拉

（Jagdish Mehra）回憶，包立在去世前不久曾跟他說過這樣的話：

> 年輕時我以為自己是當時最好的形式主義者，是一個革命者。當偉
> 大的問題到來時，我將是解決並書寫它們的人。偉大的問題來了又
> 去了，別人解決並書寫了它們。我顯然是一個古典主義者，而不是
> 革命者。

不過，放在大時代下看雖比較遜色，對於電子自旋概念的
誕生來說，包立不相容原理的影響卻是非常重要的。

用最簡單的話說，包立不相容原理有兩層內涵：一是給出
了描述原子中電子狀態的一組共計 4 個量子數；二是指出了不
能有兩個電子的量子數取值完全相同。兩層內涵之中，「不相
容」性體現在第二層，對電子自旋概念的誕生有重要影響的則是
第一層，即對原子中電子狀態的描述。克勒尼希曾經回憶說，
他 1925 年 1 月從美國來到朗德的實驗室訪問時，朗德給他看了
包立寫給自己的一封信，那封信包含了包立不相容原理的一種
「深具包立特色」（so characteristic of its author）的非常清晰的表
述。在表述中，包立賦予電子的 4 個量子數之中，有一個的取
值為軌道角動量的分量加上或減去 1/2。這樣一個量子數與電子
自旋概念可以說是只有一步之遙了，因為能與軌道角動量的分
量相加減，同時又屬於電子本身的物理量還能是什麼呢？最自
然的詮釋無疑就是自旋角動量。而加上或減去的數值為 1/2 則無
論從數值本身還是從只有兩個數值這一特點上講，都意味著自
旋角動量的大小為 1/2。包立提出了這樣一個量子數，卻居然沒

有親自提出電子自旋概念，甚至在有人提出之後還一度反對，這是為什麼呢？我們將在稍後進行評述。但包立這封信對克勒尼希的影響是巨大的，用克勒尼希自己的話說，他一看到包立這封信，就「立刻想到」那 1/2「可以被視為電子的內稟角動量」。因此，克勒尼希雖然是因包立的冷水而與率先發表電子自旋概念的機會失之交臂，但這一機會的出現本身卻也得益於包立，可謂「成也蕭何，敗也蕭何」。

　　不僅如此，烏倫貝克和古德斯米特之提出電子自旋概念，同樣也是受到了包立不相容原理的影響。在提出電子自旋概念 30 年後的 1955 年，昔日的年輕人烏倫貝克獲得了萊頓大學的以勞侖茲名字命名的資深教職，在為接受這一職位而發表的演講中，他回顧了提出電子自旋概念的經過，其中明確提到「古德斯米特和我是透過研讀包立的一篇表述了著名的不相容原理的論文而萌生這一想法的」。

　　因此，說包立是電子自旋概念問世過程中最重要的幕後推手是毫不過分的（雖然在主觀上，他不僅不支持，一度還反對所「推」出的概念）。事實上，1934 年，包立甚至因這方面的貢獻而與古德斯米特一同被法國物理學家萊昂·布里淵（Léon Brillouin）提名為諾貝爾物理學獎的候選人 —— 可惜並未因之而真正獲獎（包立真正獲獎是 1945 年因包立不相容原理）。

　　現在讓我們回到剛才的問題上來：一位如此重要的幕後推手，提出了與電子自旋概念如此接近的量子數，卻為何沒有親

自提出電子自旋概念，甚至在有人提出之後還一度反對？原因主要有兩個。其中首要的原因在於包立是當時接受量子觀念最徹底的年輕物理學家（甚至可以說沒有「之一」），很激烈地排斥有關微觀世界的經典模型（從這個意義上講，他對梅拉所說的年輕時以為自己是「革命者」其實是很貼切的評價）。在那幾年發表的論文中，他甚至盡力避免帶有經典模型色彩的諸如「軌道角動量」、「總角動量」等當時已被包括他導師阿諾・索末菲（Arnold Sommerfeld）在內的很多物理學家所採用的術語，而寧願改用「量子數 k」、「量子數 j_p」那樣的抽象名稱，即便在不得不使用前者時 —— 比如在為了與索末菲的術語相一致時 —— 也常在其後添上「量子數」一詞，以突出非經典的特性。那個使克勒尼希「立刻想到」並且「可以被視為電子的內稟角動量」的 1/2，則被他完全抽象地稱為「描述電子的一種『雙值性』（two-valuedness）」。在這樣的「革命習慣」下，包立之反對電子自旋概念就變得順理成章了 —— 正如他在 1946 年所做的諾貝爾演講中回憶的，初次接觸到有關電子自旋的想法時，他就「因其經典力學特性而強烈地懷疑這一想法的正確性」。如今回過頭來看，可以替包立辯解的是，他對電子自旋概念的反對雖被公認為是錯誤，但他的懷疑角度其實算不上錯，因為電子自旋概念雖已被普遍接受，其不具有經典模型這一特點也同樣已被普遍接受。假如包立對待電子自旋概念像他偶爾對待其他帶經典模型色彩的術語那樣，只在其後添上「量子數」一詞，以突出非經典的特性，則歷史或許會少掉一些波折。

　　包立反對電子自旋概念的另一個原因，是他早在 1924 年就親自研究過粒子自旋的經典模型，他的計算表明核子自旋是可能的，但電子自旋由於是相對論性的（即轉動線速度與光速相比並非小量），其角動量不是運動常數，而跟隨時可變的電子的相對論運動質量密切相關，從而與電子自旋假設所要求的自旋角動量的分立取值相矛盾。他的這個懷疑角度也是很值得讚許的，因為它不僅比勞侖茲的計算更早，而且也顯示出包立是一個既注重觀念又不完全拘泥於觀念的物理學家 —— 他在觀念上激烈地排斥經典模型，卻並未因此而摒棄針對經典模型的腳踏實地的計算，他的「一言之貶」的背後是有縝密的思考背景的。可惜的是，電子自旋確實是不存在經典模型的，從而腳踏實地的計算反而為包立反對電子自旋概念提供了進一步的理由。在這點上，他跟烏倫貝克和古德斯米特因勞侖茲的計算而決定不發表文章是類似的 —— 所不同的，烏倫貝克和古德斯米特由埃倫費斯特替他們做了主，包立則不僅做了自己的主，還影響了克勒尼希。

　　評述完包立反對電子自旋概念的原因，順便也談一點電子自旋概念的後續發展 —— 因為那跟包立也有著密切關係。包立雖一度反對電子自旋概念，但在「投降」之後卻率先給出了電子自旋的數學描述。這方面與他競爭的有海森堡、德國數學家帕斯夸爾·約爾旦（Pascual Jordan）、英國物理學家查爾斯·高爾頓·達爾文（Charles Galton Darwin）等人。那些競爭者都試圖用向量來描述電子自旋，結果未能如願。包立 1927 年採用的包立矩陣

（Pauli matrices）及二分量波函數的描述表示則取得了成功。電子自旋的數學表述最終使自旋獲得了一個抽象意義，即成為旋轉群的一個表示，這對包立來說是不無寬慰的。多年之後，他任為波耳 70 歲生日撰寫的文章中特別提到，「在經過了一小段心靈上的和人為的混亂之後」，人們達成了以抽象取代具體圖像的共識，特別是「有關旋轉的圖像被三維空間旋轉群的表示這一數學特性所取代」。

　　作為花絮的尾聲，我們來談談包立與克勒尼希彼此關係的後續發展。從上一節引述的克勒尼希給波耳的信件來看，克勒尼希在為自己的不夠自信感到後悔的同時，對包立是頗有些不滿的，以至於要「嘲弄一下那些誇誇其談型的、對自己見解的正確性總是深信不疑的物理學家」，甚至說出了「這種虛榮心的滿足也許是他們力量的源泉，或使他們對物理的興趣持續燃燒的燃料」那樣的重話。不過，一時的情緒並未使克勒尼希與包立的關係從此惡化，相反，他們後來的人生軌跡有著持久而真誠的交往。

　　1928 年 4 月，28 歲的包立成為蘇黎世聯邦理工學院（ETH, Zurich）的理論物理教授，24 歲的克勒尼希則於稍後應邀成為他的第一任助教。後來，克勒尼希前往荷蘭格羅寧根大學（University of Groningen）任職，包立則替他寫了推薦信。1935 年，克勒尼希在荷蘭烏特勒支大學（Utrecht University）遭遇了不愉快的經歷 —— 因不是荷蘭人而在求職時敗給了烏倫貝克，他寫信向包立訴苦，包立立即回信進行了安慰，除表示克勒尼希是比烏倫貝克更優秀的物理學家外，還寫道：「使我高興的是，儘管在圖賓根就你提出的自旋問題做出過胡亂評論，你仍然認為我配收到來信。」這實際上是就「歷史問題」向克勒尼希正式道了歉。

　　1958 年，物理學家們開始替即將到來的包立的 60 歲生日籌劃慶祝文集。克勒尼希為文集撰寫了篇幅達 30 多頁的長文。

在文章中，他回憶了與包立交往的點點滴滴，其中包括在蘇黎世擔任包立助教期間跟包立及瑞士物理學家保羅·謝爾（Paul Scherrer）一同出去游泳、遠足，穿著浴袍吃午飯，監視著不讓包立吃太多冰淇淋等趣事。在文章的末尾，他寫道：「我時常追憶在蘇黎世的歲月，不僅作為最有教益的時光，而且也是我一生中最振奮的時期。」

1958 年 12 月 15 日，包立在蘇黎世去世，籌劃中的慶祝文集後來成為紀念文集，波耳為文集撰寫了序言，海森堡、列夫·朗道（Lev Landau）、吳健雄（C. S. Wu）等十幾位包立的生前友朋撰寫了文章，克勒尼希的長文緊挨著波耳的序言被編排在正文的第一篇。克勒尼希為長文添加了一小段傷感的後記：

> 上文的最後一段寫於 12 月 14 日，包立去世前的那個晚上。包立的去世對他的所有朋友都是一個巨大的震驚。在他們的記憶裡，以及在物理學史上，他將永遠占據一個獨一無二的位置。

這段後記為他和包立 30 多年的友誼畫下了真誠的句號。

6.4 包立的第二次錯誤：宇稱守恆

現在我們來談談包立的第二次錯誤 —— 有關宇稱守恆的錯誤。

1956 年 6 月，包立收到了來自李政道（T. D. Lee）和楊振寧（C. N. Yang）的一篇題為《宇稱在弱交互作用中守恆嗎？》

（*Is Parity Conserved in Weak Interactions?*）的文章。這篇文章就是稍後發表於《物理評論》（*The Physical Review*）雜誌，並為兩位作者贏得 1957 年諾貝爾物理學獎的著名論文《弱交互作用中的宇稱守恆質疑》（*Question of Parity Conservation in Weak Interactions*）的預印本。李政道和楊振寧在這篇文章中提出宇稱守恆在強交互作用與電磁交互作用中均存在很強的證據，在弱交互作用中卻只是一個未被實驗證實的「外推假設」（extrapolated hypothesis）。不僅如此，他們還提出當時困擾物理學界的所謂「θ-τ 之謎」（θ-τ puzzle），即因宇稱不同而被視為不同粒子的 θ 和 τ 具有完全相同的質量與壽命這一奇怪現象，有可能正是宇稱不守恆的證據，因為 θ 和 τ 有可能實際上是同一粒子。並且他們還提出了一些檢驗弱交互作用中宇稱是否守恆的實驗。

但包立對宇稱守恆卻深信不疑，對於檢驗弱交互作用中宇稱是否守恆的實驗，他在 1957 年 1 月 17 給奧地利裔美國物理學家維克托‧魏斯科普夫（Victor Weisskopf）的信中表示：

> 我不相信上帝是一個左撇子，我準備押很高的賭注，賭那些實驗將會顯示……對稱的角分布……

這裡所謂「對稱的角分布」指的是宇稱守恆的結果 —— 也就是說包立期待的是宇稱守恆的結果。

富有戲劇性的是，比包立的信早了兩天，即 1957 年 1 月 15 日，《物理評論》雜誌就已收到了吳健雄等人的論文《貝塔衰變中

宇稱守恆的實驗檢驗》（*Experimental Test of Parity Conservation in Beta Decay*），為宇稱不守恆提供了實驗證明；比包立的信早了一天，即 1957 年 1 月 16 日，消息靈通的《紐約時報》（*The New York Times*）就已用「物理學中的基本概念在實驗中被推翻」（*Basic Concept in Physics Is Reported Upset in Tests*）為標題，在頭版報導了被其稱為「中國革命」（Chinese Revolution）的吳健雄等人的實驗。

區區一兩天的消息滯後，讓包立不幸留下了「白紙黑字」的錯誤。

但包立的消息也並非完全不靈通，在發出那封倒楣信件之後幾乎立刻，他就也得知了吳健雄實驗的結果；到了第四天，即 1957 年 1 月 21 日，各路「壞」消息就一齊到了他那裡：首先是上午，收到了李政道和楊振寧等人的兩篇新論文，外加瑞士物理學家菲利克斯・維拉斯（Felix Villars）轉來的《紐約時報》的報導（即那篇 1 月 16 日的報導）；其次是下午，收到了包括吳健雄實驗在內的三組實驗的論文。這些結果使包立感到「很懊惱」，唯一值得慶幸的是他沒有真的陷入賭局，從而沒有因「很高的賭注」遭受錢財損失 —— 他在給魏斯科普夫的另一封信中表示，「我能承受一些名譽的損失，但損失不起錢財」。稍後，在給波耳的信中，包立的懊惱心情平復了下來，以幽默的筆調為宇稱守恆寫了幾句訃文：

我們本著一種傷心的職責，宣告我們多年來親愛的女性朋友 ——

宇稱 —— 在經歷了實驗手術的短暫痛苦後，於 1957 年 1 月 19 日平靜地去世了。

訃文的落款是當時已知的三個參與弱交互作用的粒子：「e, μ, ν」（即電子、μ子、中微子）。

1957 年 8 月 5 日，包立在給瑞士精神科醫生兼心理學家卡爾·榮格（Carl Jung）的信中為自己的此次錯誤作了小結：「現在已經確定上帝仍然是 —— 用我喜歡的表述來說 —— 左撇子」、「在今年 1 月之前，我對這種可能性從未有過絲毫考慮」。

如果深挖「歷史舊帳」的話，那麼包立對宇稱守恆的深信不疑還使他在二十多年前的另一個場合下犯過錯誤。1929 年，著名德國數學家赫爾曼·外爾（Hermann Weyl）從數學上提出了一個二分量的量子力學方程式，描述無質量的自旋 1/2 粒子。這個方程式的一個顯著特點就是不具有宇稱對稱性。1933 年，包立在被稱為量子力學「新約」（New Testament）的名著《量子力學的普遍原理》（*General Principles of Quantum Mechanics*）中，以不具有宇稱對稱性為由，將這一方程式判定為不具有現實意義。在宇稱守恆受到李政道和楊振寧的質疑之後，幾乎與實驗證實同時，李政道和楊振寧、蘇聯物理學家朗道、巴基斯坦物理學家阿卜杜勒·薩拉姆（Abdus Salam）等人都重新引入了不具有宇稱對稱性的二分量方程式，用以描述此前不久才被發現，與宇稱不守恆有著密切關係的中微子（neutrino）。而包立則在 1958 年再版自己的「新約」時針對這些進展添加了註釋，成為

「新約」中量子力學部分為數極少的修訂之一。

6.5 第二次錯誤的幕後花絮

以上就是包立第二次錯誤的大致情形。值得一提的是，包立的兩次錯誤都未訴諸論文，這跟愛因斯坦和波耳的錯誤相比，無疑是情節輕微的表現。此外，與他在第一次錯誤中實際造成了「幕後推手」作用，且頗有可辯解之處相類似，包立的第二次錯誤不僅情節輕微 —— 甚至沒有像第一次錯誤那樣對別人產生過負面影響（即便是「歷史舊帳」裡的二分量方程式，雖被他「錯劃為」不具有現實意義，但在中微子被發現之前原本也不具有「現實意義」），而且同樣也造成了某種「幕後推手」作用，並且也同樣有一些可辯解之處。這可以算是包立第二次錯誤的幕後花絮。

我們在《波耳的錯誤》一文中曾經提到，1929 年，在試圖解決 β 衰變中的能量問題時，波耳再次提出了能量不守恆的提議，並遭到了包立的反對。但是，比單純的反對更有建設性的是，包立於 1930 年提出瞭解決這一問題的正確思路：中微子假設 —— 雖然「中微子」這一名稱是義大利物理學家恩里科·費米（Enrico Fermi）而不是包立所取的。

包立不僅提出了中微子假設，而且積極呼籲實驗物理學家去搜尋它。1930 年 12 月 4 日，他給在德國圖賓根參加放射性研究會議的與會者們發去了一封措辭幽默的公開信。這封公開

信以「親愛的放射性女士和先生們」為稱呼，以表達因參加一個舞會而無法與會的「歉意」為結束，內容則是推廣他的中微子假設。包立在信中表示自己「迄今還不敢發表有關這一想法的任何東西」，但由 β 衰變中的能量問題所導致的「局勢的嚴重性」使他覺得「不嘗試就不會有收穫」，「必須認真討論挽救局勢的所有辦法」，他因此呼籲對中微子假設進行「檢驗和裁決」。

由於交互作用的極其微弱，中微子直到 1956 年才由美國物理學家克萊德・科溫（Clyde Cowan）和弗雷德里克・萊因斯（Frederick Reines）等人在實驗上找到。這個由包立提出並呼籲搜尋意在解決 β 衰變中的能量問題的中微子不僅是弱交互作用的核心參與者之一，而且其狀態及交互作用都直接破壞宇稱對稱性，從而堪稱是宇稱不守恆的「罪魁禍首」——雖然在吳健雄等人的實驗中，中微子並不是被直接探測的粒子。從這個意義上講，包立對於宇稱不守恆而言，是造成了某種「幕後推手」作用的，最低限度說，也是有著藕斷絲連的正面影響的，這使他的第二次錯誤也如第一次錯誤那樣，具有了獨特的戲劇性。包立自己對這種戲劇性也有過一個簡短描述：在吳健雄實驗成功後不久，包立在給這位被他讚許為「無論作為實驗物理學家還是聰慧而美麗的年輕女士」都給他留下深刻印象的物理學家的祝賀信中寫道：「中微子這個粒子——對其而言我並非局外人——還在為難我」。

包立為什麼對宇稱守恆深信不疑呢？他後來在給吳健雄的

信中解釋說，那是因為宇稱在強交互作用下是守恆的，而他不認為守恆定律會跟交互作用的強度有關，因此不相信宇稱在弱交互作用下會不守恆。不過，這一理由雖適用於他 1957 年的觀點，卻似乎不足以解釋他的「歷史舊帳」，即在 1933 年出版的量子力學「新約」中以宇稱不守恆為由將外爾的二分量中微子方程式視為不具有現實意義。因為那時強交互作用的概念才剛剛因中子的發現（1932 年）而誕生，參與強交互作用的重要粒子—— 介子 —— 尚未被發現，而介子的宇稱更是遲至 1954 年才得到確立，那時的宇稱守恆哪怕在強交互作用下恐怕也算不上已被確立，而只是有關對稱性的普遍信念的一部分，或是被美國物理學家史蒂文‧溫伯格（Steven Weinberg）列為愛因斯坦的錯誤之一的以美學為動機的簡單性的一種體現。也許，對那種普遍信念的追求才是包立此次錯誤的真正 —— 或最早 —— 的根源。

關於包立的第二次錯誤，也有一些可替他辯解的地方，因為無論是有關對稱性的普遍信念，還是具體到對宇稱守恆的深信不疑，在當時都絕非包立的獨家觀點，而在很大程度上可以算是主流看法。雖然李政道和楊振寧的敏銳質疑極是高明，但在質疑得到證實之前，那種主流看法本身其實談不上錯誤，因為科學尋求的是對自然現象邏輯上最簡單的描述，而對稱性正是一種強有力的簡化描述的手段。在被證實失效之前，對那樣的手段予以信任、堅持，乃至外推是很正常的，也是多數物理學家的共同做法。比如美國實驗物理學家小諾曼‧F. 拉姆齊

（Norman F. Ramsey, Jr.）曾就是否該將宇稱不守恆的可能性訴諸實驗徵詢理查・費曼（Richard Feynman）的看法，費曼表示他願以 50：1 的比例賭那樣的實驗不會發現任何東西。這跟包立的「很高的賭注」有著同樣的「豪爽」。可惜拉姆齊雖表示這賭約對他已足夠有利，卻並未真正付諸實踐，從而費曼也跟包立一樣在錢財上毫髮無損。又比如瑞士物理學家費利克斯・布洛赫（Felix Bloch）曾與史丹福大學物理系的同事打賭，如果宇稱不守恆，他願吃掉自己的帽子 —— 後來不得不狡辯說幸虧自己沒有帽子！這些物理學家都不是無名之輩：布洛赫是 1952 年的諾貝爾物理學獎得主，費曼是 1965 年的諾貝爾物理學獎得主，拉姆齊是 1989 年的諾貝爾物理學獎得主。

　　最後還有一點值得提到，那就是：包立從 1952 年就開始研究場論中的離散對稱性，是對基本粒子理論中的對稱性進行研究的先驅者和頂尖人物之一。1954 年，他與德國物理學家格哈特・呂德斯（Gerhart Lüders）在能量有下界、勞侖茲協變性（Lorentz invariance）等場論的最一般性質的基礎之上證明了所謂的 CPT 對稱性 —— 由電荷共軛（charge conjugation）、宇稱及時間反演（time reversal）組成的聯合對稱性必須成立。這個被稱為呂德斯 - 包立定理（Lüders–Pauli theorem）或 CPT 定理（CPT theorem）的著名結果在當時似乎是多此一舉的，因為其所涉及的電荷共軛、宇稱及時間反演對稱性被認為分別都是成立的。但隨著宇稱不守恆的發現，很多同類（即離散）的對稱性 —— 如電荷共軛對稱性、時間反演對稱性、電荷共軛及宇稱（charge conjugation and parity, CP）聯合對稱性等 —— 相繼「淪陷」，唯有 CPT 對稱性如激流中的磐石一般屹立不倒，使 CPT 定理的重要性得到了極大的凸顯，成為量子場論 —— 尤其是公理化量子場論 —— 中最基本的定理之一。

6.6 結語

有關包立的錯誤就介紹到這裡了。包立那廣為人知的尖刻和不留情面或許會給人一個剛愎自用、不易相處的印象，其實，在真正熟悉包立的人眼裡，與包立共事不僅是一種殊榮，也是一種愉快 —— 就如克勒尼希所回憶的：

> 包立不願容忍粗疏的思考，卻隨時準備著給予別人應得的榮譽，並且隨時準備著承認自己的錯誤 —— 只要有人能提出有效的反駁。他也很樂意以參加週日遠足的方式讓你平衡他在蘇黎世湖（Zürichsee）上游泳的優勢，因為遠足對他要比對小塊頭的人來得困難。

這就是包立 —— 智慧、坦誠、幽默，甚至帶點體貼的包立。

最後要說明的是，我們介紹包立的錯誤，絕不是要拿包立尋開心，而是與介紹愛因斯坦的錯誤和波耳的錯誤有著相同的用意，即試圖說明無論聲譽多麼崇高、功力多麼深厚、思維多麼敏銳的科學家都難免會犯錯。犯錯無損於他們的偉大，也無損於科學的偉大。事實上，科學一直是犯著錯誤，不斷糾正著

錯誤才走到今天的，永遠正確絕不是科學的特徵 —— 相反，假
如有什麼東西標榜自己永遠正確，那倒是最鮮明不過的指標，
表明它絕不是科學。

參考文獻

[1]　ATMANSPACHER H, PRIMAS H. Recasting Reality: Wolfgang
　　　Pauli』s Philosophical Ideas and Contemporary Science[M]. Berlin:
　　　Springer, 2009.

[2]　BOHR N. Collected Works (vol 5)[M]. Amsterdam: North-Holland
　　　Physics Publishing, 1984.

[3]　BOHR N. Collected Works (vol 9)[M]. Amsterdam: North-Holland
　　　Physics Publishing, 1986.

[4]　ENZ C P. No Time to be Brief: A Scientific Biography of Wolfgang
　　　Pauli[M]. Oxford: Oxford University Press, 2002.

[5]　FIERZ M, WEISSKOPF V F (eds). Theoretical Physics in the Twentieth
　　　Century[M]. New York: Interscience Publishers Inc.， 1960.

[6]　FEYNMAN R P. Surely You』re Joking, Mr. Feynman![M]. New York:
　　　W. W. Norton & Company, 1997.

[7]　FRANKLIN A. The Neglect of Experiment[M]. Cambridge: Cambridge
　　　University Press, 1986.

[8]　FRASER G. Cosmic Anger: Abdus Salam - The First Muslim Nobel
　　　Scientist[M]. Oxford: Oxford University Press, 2008.

[9]　LINDORFF D. Pauli and Jung: The Meeting of Two Great Minds[M].
　　　Wheaton: Quest Books, 2004.

[10]　MEHRA J, RECHENBERG H. The Historical Development of
　　　Quantum Theory (vol. 1 part 2)[M]. Berlin: Springer, 1982.

[11]　Mehra J, RECHENBERG H. The Historical Development of Quantum
　　　Theory (vol. 3)[M].Berlin: Springer, 1982.

[12]　Mehra J, RECHENBERG H. The Historical Development of Quantum

Theory (vol. 6 part 1)[M]. Berlin: Springer, 2000.

[13] MILLER A I. Deciphering the Cosmic Number: The Strange Friendship of Wolfgang Pauli and Carl Jung[M]. New York: W. W. Norton & Company, Inc. ' 2009.

[14] PAIS A. Einstein Lived Here[M]. Oxford: Oxford University Press, 1994.

[15] PAULI W. General Principles of Quantum Mechanics[M]. Berlin: Springer, 1980.

[16] TOMONAGA S. The Story of Spin[M]. Chicago: University of Chicago Press, 1997.

[17] WEISSKOPF V. The Joy of Insight: Passions of a Physicist[M]. New York: BasicBooks, 1991.

[18] YANG C N. Selected Papers with Commentary (1945–1980)[M]. San Francisco: W. H. Freeman and Company, 1983.

07

輻射單位簡介

2011 年 3 月 11 日發生在日本仙台港以東海域的 9.0 級地震及海嘯（2011 Tohoku earthquake and tsunami）引發的日本福島第一核電站（Fukushima I Nuclear Power Plant）事故引起了各路媒體的廣泛報導。在那些報導中，常常出現諸如「……的洩漏量為……居里」、「……的空氣濃度達到……貝克／立方公尺」、「輻射量高達……西弗」之類的文字。對普通讀者來說，這些文字的含義可能是令人困惑的，因為它們所涉及的「居里」、「貝克」、「西弗」等都是一般人平時很少有機會接觸的輻射單位。

這些輻射單位究竟是什麼含義呢？本文來做一個簡單介紹。

在介紹之前，讓我們先對本文所談論的輻射做一個界定。若無特殊說明，本文所談論的輻射全都是指由核分裂（nuclear fission）反應產生的電離輻射（ionizing radiation）—— 能對物質產生電離作用的輻射。核電站事故所涉及的輻射及核醫療設備所使用的輻射大都屬於這一類型。

現在進入正題。有關輻射的單位大體可分為兩類，一類與

輻射源有關，另一類與吸收體有關。

我們先介紹前者。對輻射源來說，表徵其特性的核心指標是作為輻射產生機制的核分裂反應的快慢程度，具體地說，是單位時間所發生的核分裂反應平均次數。物理學家們將這一指標稱為放射活性（radioactivity），它的單位叫做貝克勒（Becquerel，符號為 Bq），簡稱貝克，其定義為每秒鐘一次核分裂[1]。貝克是國際單位制中的導出單位（derived unit）。

很明顯，對於給定類型的輻射源來說，放射活性的高低與輻射源的質量有著直接關係，輻射源的質量越大，平均每秒鐘發生的核分裂反應次數就越多，放射活性也就越高（有興趣的讀者可以想　想，需要知道什麼樣的額外訊息，才能在放射活性與質量之間建立定量關係）。由於核分裂反應是微觀過程，對宏觀世界的影響是微乎其微的，因此貝克是一個很小的單位，實際應用時常常要用千貝克（kBq）和兆貝克（MBq）來輔助。

除貝克外，描述放射活性還有一個常用單位叫做居里（Curie，符號為 Ci）[2]，它是貝克的 370 億倍（3.7×10^{10} 倍）。換句話說，一個放射活性為 1 居里的輻射源平均每秒鐘發生 370 億次核分裂反應。有讀者可能會問：「370 億」這一古怪數字是哪裡來的？答案是：來自於一克鐳（Radium）同位素 ^{226}Ra 每秒鐘的大致衰變次數。與貝克相反，居里是一個很大的單位，實

1　該單位的命名是紀念法國物理學家亨利.貝克勒（Henri Becquerel, 1852—1908）。

2　該單位的命名是紀念居禮夫婦（Pierre Curie 和 Marie Curie）。

際應用時常常要用毫居里（mCi）和微居里（μCi）來輔助。居里不是國際單位制中的單位，但應用的廣泛程度不在貝克之下。不同的國家對貝克和居里這兩個單位有不同的喜好，比如在澳洲，貝克用得較多；在美國，居里用得較多；而在歐洲，兩個使用的頻率差不多。另外需要提醒的是，由於放射活性僅僅給出了單位時間所發生的核分裂反應平均次數，而不同放射源的核分裂方式及核分裂所發射的粒子是不同的，因此談論放射活性時需要指明放射源 —— 比如指明放射性同位素的名稱。

由於放射活性與輻射源的質量有關，又比質量更能準確反映輻射源的基本特徵 —— 輻射能力 —— 的強弱，因此當人們談論核事故中輻射源的洩漏時，常常會用放射活性的單位，即貝克和居里，來描述洩漏數量。比如美國能源與環境研究所（Institute for Energy and Environmental Research）2011 年 3 月 25 日發布的一份報告宣稱，截至 3 月 22 日，福島第一核電站的碘（Iodine）同位素 ^{131}I 的洩漏數量約為 2400 ,000 居里（以放射活性而論相當於 2.4 噸鐳同位素 ^{226}Ra，不過由於 ^{131}I 的半衰期很短，相應的質量要小得多，對環境的危害則主要是短期的）。

當洩漏出的輻射源沾染到別處時，人們除了關心洩漏總量外，還常常要了解受沾染地區單位面積土地、單位體積空氣或單位質量土壤中的輻射源數量，描述那些數量的單位是貝克（或居里）每平方公尺、每立方公尺或每公斤等，我們在新聞中也能見到它們的身影。比如蘇聯車諾比（Chernobyl）核電站事故在芬

蘭和瑞典造成的銫（Caesium）同位素 ^{137}Cs 的沾染約為 40 千貝克每平方公尺。

　　以上就是與輻射源有關的主要單位。接下來介紹一下與吸收體有關的單位。知道一個輻射源的放射活性，只是知道了它的輻射能力，卻不等於知道它所發射的輻射對吸收體的影響，因為後者明顯與輻射源的類別、吸收體距離輻射源的遠近、吸收體的類別等諸多因素有關。那麼，怎樣才能描述輻射對吸收體的影響呢？一種常用的手段，是利用電離輻射能對物質產生電離作用這一基本特性，透過測量它在標準狀態下單位質量乾燥空氣中產生出的電離電荷的數量，來衡量它對吸收體的影響。這種手段產生出了一個叫做倫琴（Roentgen，符號為 R）的單位[3]，它被定義為在標準狀態下 1 公斤乾燥空氣中產生 0.000258 庫（2.58×10^{-4} 庫）的電離電荷。讀者想必要問：「0.000258」這一古怪數字是哪裡來的？答案是：來自單位換算。因為倫琴這一單位最初是在所謂的公分・克・秒（cgs）單位制中定義的。在那個單位制下，它的定義是在標準狀態下 1 立方公分乾燥空氣中產生 1 靜電單位的電離電荷。有興趣的讀者可以對單位作一下換算，證實一下「0.000258」這一古怪數字的由來。

　　倫琴這個單位的使用範圍比較狹窄，主要是針對象 X 射線和 γ 射線那樣的電磁輻射。不過由於大氣中的電離電荷比較容易測量，因此它一直是一個常用單位。除倫琴外，描述輻射對

3　該單位的命名是紀念德國物理學家威廉・倫琴（Wilhelm Röntgen, 1845—1923）。

吸收體影響的另一個常用單位叫做戈雷（Gray，符號為 Gy）[4]。如果說倫琴是以電荷為指標來描述輻射對吸收體的影響，那麼戈雷則是以能量為指標來描述輻射對吸收體的影響。在輻射研究中，人們把單位質量吸收體所吸收的輻射能量稱為吸收劑量（absorbed dose），戈雷是吸收劑量的單位，其定義是每公斤吸收體吸收 1 焦的能量。很明顯，倫琴與戈雷這兩個單位之間是存在關係的（因為電離需要耗費能量），不過這種關係與吸收體的類型有關（有興趣的讀者可以想一想，需要知道什麼樣的額外訊息，才能在倫琴與戈雷之間建立定量關係）。戈雷是國際單位制中的導出單位，與戈雷有關的還有一個常用單位叫做拉德（rad），它是「輻射吸收劑量」（radiation absorbed dose）的英文縮寫，是戈雷在公分・克・秒單位制中的對應，大小為戈雷的百分之一（10^{-2}）。

　　倫琴、戈雷及拉德都是描述輻射對吸收體影響的常用單位，但對於我們最關心的輻射對人體的危害來說，它們都不是最好的單位，因為輻射對人體的危害並不單純取決於電離電荷或吸收能量的數量，而與輻射的類型有關，這種類型差異可以用一系列所謂的「輻射權重因子」（radiation weighting factor）來修正。考慮了這一修正後的吸收劑量被稱為劑量當量（dose equivalent），它的單位則被稱為西弗（sievert，符號為 Sv）[5]。西

4　該單位的命名是紀念英國物理學家路易斯・戈雷（Louis Gray, 1905—1965）。
5　該單位的命名是紀念瑞典醫學物理學家羅爾夫・西弗（Rolf Sievert, 1896—1966）。

弗是國際單位制中的導出單位，其定義為

以西弗為單位的劑量當量＝
以戈雷為單位的吸收劑量 × 輻射權重因子

為了使該定義能夠應用，有必要列出一些主要輻射的輻射權重因子（表7-1）：

表 7-1　主要輻射類型的輻射權重因子

輻射類型	輻射權重因子
X射線、γ射線、β射線	1
能量小於10keV的中子	5
能量為10～100keV的中子	10
能量為100～2000keV的中子	20
能量為2～20MeV的中子	10
能量大於20MeV的中子	5
α粒子及重核	20

註：keV：千電子伏；MeV：兆電子伏

由上述表格不難看出，中子輻射的輻射權重因子要比 X 射線、γ 射線、β 射線高得多，這意味著對於同等的吸收劑量，中子輻射對人體的危害要比 X 射線、γ 射線、β 射線大得多。中子彈（neutron bomb）之所以是一種可怕的武器，一個很重要的原因就在於此。

西弗不僅是劑量當量的單位，而且還是描述輻射對人體危害性的另一個重要指標 —— 有效劑量（effective dose）—— 的

單位。什麼是有效劑量呢？它是將人體內各組織或器官所吸收的劑量當量轉化為均勻覆蓋全身的等價劑量，然後加以彙總的結果。有效劑量這一概念之所以有用，是因為在很多情況下，人體內各組織或器官所受輻射的劑量當量是不均勻的，有的器官多，有的器官少。有效劑量透過將這種不均勻性均勻化，使我們能用一個單一指標來描述輻射對人體的總體危害，從而有很大的便利性。那麼，人體內各組織或器官所吸收的劑量當量如何才能轉化為均勻覆蓋全身的等價劑量呢？答案是利用一系列所謂的「組織權重因子」（tissue weighting factor），它們與相應組織或器官所受輻射的劑量當量的乘積，就是均勻覆蓋全身的等價劑量。而彙總無非就是做加法 —— 對各組織或器官所對應的等價劑量進行求和，因此：

有效劑量 $=\sum ($ 劑量當量 $\times$ 組織權重因子 $)$

為了使該定義能夠應用，有必要列出一些主要組織或器官的組織權重因子（表 7-2）（有興趣的讀者請想一想，組織權重因子為什麼都小於 1 ？）。

表 7-2　人體主要組織或器官的組織權重因子

組織或器官名稱	組織權重因子
性腺	0.20
肺、結腸、胃等	0.10
膀胱、胸、肝、腦、腎、肌肉等	0.05
皮膚、骨骼表面等	0.01

　　西弗是一個很大的單位，實際應用時常常要用毫西弗（mSv）或微西弗（μSv）來輔助。比如一次胸部 X 光所受輻射的有效劑量約為幾十微西弗；一次腦部 CT（腦部電腦斷層攝影）所受輻射的有效劑量約為幾毫西弗；一個人在正常自然環境中每年所受輻射的有效劑量也約為幾毫西弗。人體短時間所受輻射的有效劑量在 100 毫西弗以上時，就會開始有不容忽視的風險，劑量越大，風險越高，劑量若大到要直接動用西弗這個單位（比如達到幾西弗），那麼就算不死也基本只剩半條命了。除西弗外，描述劑量當量或有效劑量還有一個常用單位叫做侖目（rem），它是「人體倫琴當量」（Roentgen equivalent in man）的英文縮寫，是西弗在公分・克・秒單位制中的對應，大小為西弗的百分之一（10^{-2}）。

　　有效劑量由於是平均到全身後的劑量當量，在使用時不必指定具體的器官或組織。但無論有效劑量還是劑量當量，它們作為吸收劑量，其數值都和人體與輻射源的相對位置密切相關，因此在用於描述輻射源的危害性時，通常要指明吸收體的

位置才有清晰含義。此外，在像核事故那樣輻射持續存在的環境裡，人體所受輻射的有效劑量或劑量當量與暴露於輻射中的時間成正比，因此在談論時必須給出時間長短。籠統地談論一個不帶時間限制的有效劑量或劑量當量，比如「福島核電站內最新核輻射量達到 400 毫西弗」，是沒有意義的。

　　以上就是對主要輻射單位的簡單介紹，希望有助於大家閱讀和辨析新聞。在本文的最後，給有興趣的讀者留一道簡單的習題：若一個人的胸部受到能量 20 千電子伏、吸收劑量 2 毫戈雷的中子輻射照射，胃部受到吸收劑量 3 毫戈雷的 X 射線照射，請問此人所受輻射的有效劑量是多少毫西弗？

08

μ 子異常磁矩之謎 [6]

8.1 引言

我們知道，物理學是一門自然科學，它的目的是要尋求對自然現象邏輯上簡單的描述。物理學發展到今天，它對自然現象的描述按其精密程度可粗略分為兩類：一類是所謂的定量描述，針對的主要是一些簡單及純粹的現象，比如原子的光譜，行星的運動等等 [7]；另一類則是所謂的定性描述，針對的主要是複雜現象。

一個不無遺憾的事實是：在這兩類描述中，我們所熟悉的日常經驗所及的現象有很大比例是屬於後一類的。不過，儘管

6　本文寫於 2009 年（資料亦截至當時），但根據國際「粒子資料組」（Particle Data Group, PDG）2017 年發布的資料，μ 子異常磁矩 2017 年的最佳理論值和最佳實驗值分別為 116,591,823(34)(26)×10^{-11} 和 116,592,091(54)(33)×10^{-11}，偏差為 3.5σ，因此 μ 子異常磁矩之謎截至 2017 年依然存在。[2017-12-31 補註]。

7　當然，這裡所說的「簡單及純粹」是相對於研究範圍及觀測精度而言的，比如行星，它本身顯然是高度複雜的，但假如我們的研究僅限於考慮它作為一個整體在外部引力場中的運動，那它就可以被視為是一個「簡單及純粹」的體系的一部分。

我們很難從基礎物理定律出發來細緻地描述那些從經驗角度看來稀鬆平常，從定量計算的角度來看卻高度複雜的現象，多數物理學家卻並不懷疑，在那些現象背後起支配作用的，正是和描述原子光譜及行星運動相同的物理定律。美國物理學家費曼曾在他的著名講義中這樣寫道：「對物理學懷有莫名恐懼的人常常會說，你無法寫下一個關於生命的方程式。嗯，也許我們能夠。事實上，當我們寫下量子力學方程式 $H\psi=i\hbar\partial\psi/\partial t$ 的時候，我們很可能就已在足夠近似的意義上擁有了這樣的方程式。」

當然，具體到關於生命的方程式上，費曼可能是屬於特別樂觀的，有些物理學家或許會更保守，也有些人可能會存疑。但是，正如費曼在寫下上述文字之前曾經以流體力學方程組為例所論述的，一組數學上簡潔的物理定律往往能蘊含難以定量剖析的出人意料的複雜性，由此導致的一個後果是：一組複雜現象——比如生命現象——無論看起來多麼遠離物理定律的直接描述，都很難構成對那些定律的有效挑戰。這一點無論我們是否持有像費曼那樣的樂觀看法都很難否認。

另一方面，物理學對自然現象的定量描述雖往往只針對簡單及純粹，有時會遠離經驗，有時需精心製備，有時甚至只存在於理想實驗之中的現象，但它與物理定律之間所具有的定性描述難以企及的明確關聯，使它成為物理學家們探索物理定律的最有效途徑。事實上，正是透過那樣的定量探索，物理學家們完成了有關物理定律的絕大多數研究。這種研究是如此深

入，複雜現象與基本物理定律之間的關係又是如此間接，以至於在很長一段時間裡，雖然多數物理學家承認物理學的未來征途還很漫長，我們對自然界的許多現象還沒有足夠透徹或足夠優越的描述，卻很少有人能從實驗上找到基礎物理定律 —— 比如廣義相對論或粒子物理標準模型 —— 的反例。

不過這種情形在最近幾年裡也許已經起了變化，本文將要講述的「μ子異常磁矩之謎」就是一個雖然還算不上是結論性的，卻很值得關注的例子。

8.2 有自旋帶電粒子在電磁場中的自旋進動

為了討論 μ 子的異常磁矩之謎，我們首先要介紹一下有自旋帶電粒子在電磁場中的自旋進動，這是對 μ 子異常磁矩進行實驗測量的理論基礎。

我們知道，一個質量 m，電荷 e，自旋 s 的有自旋帶電粒子所帶的磁矩 $\boldsymbol{\mu}$ 正比於 $(e/2m)s$（請讀者想一想，為什麼會有這樣的比例關係？），比例係數通常記為 g，稱為該粒子的 g 因子，即（在本文中我們採用 $c=1$ 的單位制）

$$\boldsymbol{\mu} = g\left(\frac{e}{2m}\right)\boldsymbol{s} \tag{1}$$

另一方面，按照電磁學理論，任何磁矩 $\boldsymbol{\mu}$ 在電磁場中都會感受到力矩 $\boldsymbol{\mu} \times \boldsymbol{B}$ 的作用（$\boldsymbol{B}$ 為磁感應強度）。這一作用會造成

自旋的進動：

$$\frac{ds}{dt} = \boldsymbol{\mu} \times \boldsymbol{B} = g\left(\frac{e}{2m}\right) \boldsymbol{s} \times \boldsymbol{B} \tag{2}$$

不過，這一自旋進動方程式只適用於粒子在其中瞬間靜止的慣性參考系，特別是，其中的時間 t 及磁感應強度 $\boldsymbol{B}$ 都是在該參考系而非實驗室系中測定的，這對於實際應用來說顯然是極不方便的。為了得到在任意參考系中都適用的結果，我們需將這一方程式推廣為協變方程式。

為了做到這一點，我們首先引進與三維自旋向量 $\boldsymbol{s}$ 相對應的四維軸向量 s^μ，並將 $\boldsymbol{s} \times \boldsymbol{B}$ 改寫為協變形式 $F^{\mu\nu} s_\nu$（$F^{\mu\nu}$ 為電磁場張量）[8]。不過，如果我們就此將式（2）簡單地推廣為 $ds^\mu/d\tau = g(e/2m)F^{\mu\nu}s_\nu$（$\tau$ 為粒子的固有時），卻會遇到一個問題。我們知道，在粒子瞬間靜止的參考系中，s^μ 的分量為 $(0, \boldsymbol{s})$，它與粒子的四維速度 $u^\mu=(1, 0)$ 正交，即：

$$s^\mu u_\mu = 0 \tag{3}$$

可惜的是，這一方程式與 $ds^\mu/d\tau = g(e/2m)F^{\mu\nu}s_\nu$ 在一般情況下是彼此矛盾的（請讀者自行證明這一點，並說明所謂的「一般情

8　細心的讀者也許已經注意到了，這一推廣完全類似於對勞侖茲力中的 $\boldsymbol{v} \times \boldsymbol{B}$ 項的處理。另外，有些讀者可能更熟悉將三維自旋向量（triplet state spin vector）$\boldsymbol{s}$ 推廣為二階反對稱張量（Second-order Anti-symmetrical Tensor）$s_{\rho\sigma}$ 的做法，這與本文所用的方法是等價的，本文引進的四維向量（four-vector）s^μ 與 $s_{\rho\sigma}$ 之間具有對偶關係（allelomorphism）：$s^\mu=(1/2)\varepsilon^{\mu\nu\rho\sigma}u_\nu s_{\rho\sigma}$。

況」指的是什麼情況）。這一矛盾表明我們還遺漏了一些項。

　　為了找出那些遺漏的項，常用的辦法是考慮所有物理上可能並且滿足協變性要求的項。在我們所考慮的問題中，相關的物理量只有 $F^{\mu\nu}$、s^μ 和 u^μ，因此所有物理上可能的項都必須由它們構成[9]。另一方面，自旋進動方程式 (2) 所具有的形式表明 $\mathrm{d}s^\mu/\mathrm{d}\tau$ 對 $F^{\mu\nu}$ 和 s^μ 都是線性的。簡單的羅列分析表明，在由 $F^{\mu\nu}$、s^μ 和 u^μ 組成的所有四維向量中，除已經找到的正比於 $F^{\mu\nu}s_\nu$ 的項外，唯一能滿足這一線性條件的只有正比於 u^μ，且比例係數 —— 作為四維標量 —— 對 $F^{\mu\nu}$ 和 s^μ 為線性的項（請讀者想一想，為什麼不能有其他的項，比如正比於 s^μ 或 $F^{\mu\nu}u_\nu$ 的項），因此，對應於式 (2) 的協變方程式只能是：

$$\frac{\mathrm{d}s^\mu}{\mathrm{d}\tau} = g\left(\frac{e}{2m}\right) F^{\mu\nu} s_\nu + \alpha u^\mu \tag{4}$$

　　為了確定比例係數 α，我們注意到對式 (3) 求導可得：

$$\left(\frac{\mathrm{d}s^\mu}{\mathrm{d}\tau}\right) u^\mu + s_\mu \left(\frac{\mathrm{d}u^\mu}{\mathrm{d}\tau}\right) = 0 \tag{5}$$

　　將式 (4) 及帶電粒子本身的運動方程式 $\mathrm{d}u^\mu/\mathrm{d}\tau = (e/m)F^{\mu\nu}u_\nu$ 代入式 (5) 可得（請讀者自行完成這一證明的細節）：$\alpha = (g-2)(e/2m)$ $F^{\mu\nu}u_\mu s_\nu$。由此我們就得到了有自旋帶電粒子在電磁場中的自旋進動方程式的協變形式（為避免指標重複，我們對啞指標（dummy

---

9　這裡我們假定電磁場的分布足夠均勻，從而可以忽略它們的導數（derivative）。

index）作了更換）：

$$\frac{\mathrm{d}s^{\mu}}{\mathrm{d}\tau} = g\left(\frac{e}{2m}\right)F^{\mu\nu}s_{\nu} + (g-2)\left(\frac{e}{2m}\right)F^{\rho\sigma}u_{\rho}s_{\sigma}u^{\mu} \qquad （6）$$

　　我們得到這一形式所用的方法是比較數學化的，即主要依據了協變性的要求，而與有自旋帶電粒子的具體模型，及各項所可能具有的物理意義無多大關係。不過式（6）本身其實是有著很清晰的物理意義的：它的正比於 g（從而正比於磁矩）的部分給出的是粒子所受的電磁力矩，與 g 無關（從而與磁矩無關）的部分給出的則是著名的相對論運動學效應托馬斯進動（Thomas precession）。

　　式（6）—— 如我們在下節中將會看到的 —— 是物理學家們對 μ 子異常磁矩進行實驗測定的重要依據。

8.3 自旋進動與異常磁矩

　　有了式（6），我們就可以在任意慣性參考系中研究 μ 子（或任何其他有自旋帶電粒子）的自旋進動。對理論物理學家來說，能夠做到這一點通常就意味著問題得到了解決。不過實驗物理學家的看法卻稍有些不同，在測定 μ 子異常磁矩這一問題上，他們感興趣的偏偏不是所有物理量全處在同一個參考系中的情形。具體地說，他們感興趣的電磁場和時間坐標是實驗室參考系中的電磁場和時間坐標，自旋卻是 μ 子瞬間靜止參考系（以下

簡稱 μ 子系) 中的自旋 (我們會在後文解釋其原因)。

幸運的是, 實驗物理學家們的這種「腳踩兩條船」的要求並不難得到滿足。如果我們用 s' 表示 μ 子系中的自旋向量 (它只有空間部分), 它與一般坐標系中的自旋分量可以透過向量形式的勞侖茲變換相聯繫。利用這種聯繫及式 (6), 便可得到用實驗室系中的電磁場和時間坐標表示的 s' 的進動規律。這其中最簡單 —— 但最具重要性 —— 的情形是電場為零, 磁場均勻且垂直於 μ 子運動平面的情形。可以證明, 這一情形下 μ 子磁矩的進動規律為:

$$\frac{\mathrm{d}s'}{\mathrm{d}t} = \boldsymbol{\omega}_s \times s'$$ (7)

這是一個標準的向量旋轉方程式, 其中旋轉角速度 $\boldsymbol{\omega}_s$ 為:

$$\boldsymbol{\omega}_s = \left(\frac{e}{2m}\right)\left(g - 2 + \frac{2}{\gamma}\right)\boldsymbol{B}$$ (8)

其中 $\gamma = (1 - v^2/c^2)^{-1/2}$ 為勞侖茲因子。

式 (8) 已經是一個相當簡單的公式了, 但我們的好運並未就此止步。我們很快將會看到, 對於測定 μ 子的異常磁矩來說, 真正有觀測意義的並不是 μ 子自旋向量相對於實驗室系的進動, 而是它相對於運動方向的進動。這表明我們應該從式 (8) 中減去 μ 子本身在磁場中的迴旋角速度 $(e/m\gamma)\boldsymbol{B}$, 這樣我們就得到了有觀測意義的自旋向量相對於運動方向的進動角速度為

$$\omega = \left(\frac{e}{2m}\right)(g-2)\boldsymbol{B} \equiv \left(\frac{e}{m}\right)a_\mu\boldsymbol{B} \qquad (9)$$

這裡我們引進了一個專門的記號 a_μ 來表示 $(g\text{-}2)/2$，它就是 μ子的異常磁矩[10]。式（9）給出的是實驗室系中的進動角速度，因為時間坐標是實驗室系中的坐標。

式（9）表明，μ子的異常磁矩可以透過測定磁感應強度 B 及 μ子自旋相對於運動方向的旋轉角速度 ω 而得到。這其中對旋轉角速度 ω 的測定需要用到一些有關粒子物理——確切地說是有關 μ子的產生與衰變性質——的知識，我們將在下一節稍作介紹。

8.4 μ子的產生衰變性質及實驗思路

首先說說 μ子的產生性質。在測定 μ子異常磁矩的實驗中，物理學家們是用 π 介子的衰變來產生 μ子的，具體地說，是用 $\pi^- \to \mu\bar{\nu}_\mu$ 產生 μ子，或用 $\pi^+ \to \mu^+\nu_\mu$ 產生反 μ子[11]。在測定 μ子異常磁矩的實驗中，物理學家們既用 μ子，也用反 μ子，因為無論實驗還是迄今仍被視為嚴格的 CPT 對稱性都表明這兩者的異

---

10 細心的讀者可能會問：「異常磁矩」顧名思義應該具有磁矩量綱（quantity dimension），而 $a_\mu=(g\text{-}2)/2$ 卻是無量綱的，怎麼可以冠以那樣的名稱？的確，嚴格地講 μ子的異常磁矩應該定義為 $a_\mu(e/m)s$。不過，在文獻中人們往往略去 $(e/m)s$（這是用 μ子質量取代電子質量後的波耳磁子，從某種意義上講可以視為是磁矩的單位），而把 a_μ 直接稱為異常磁矩。

11 π 介子本身則是由質子束（Proton beam）轟擊物質靶所產生的。

常磁矩嚴格相等，從而在實驗上並無優劣之分。不過為明確起見，我們在本文中一律以 μ 子作為討論對象。

　　π 介子衰變產生 μ 子的過程是弱交互作用過程（這可以從中微子的出現而看出）。我們知道，弱交互作用的一個顯著特點，是它具有手徵性，作為這種性質的一個重要體現，由 π 介子衰變產生的 μ 子具有右手手徵（即自旋與運動方向滿足右手螺旋定則，或者簡單地說是兩者同向）。這一特點使物理學家們可以比較容易地得到初始自旋與運動方向相平行的 μ 子束，從而為測定 μ 子自旋相對於運動方向的旋轉角速度提供很大的便利。（請讀者結合後文想一想，這為什麼是一種便利？）

　　與 μ 子的產生性質同樣重要的是它的衰變性質。實驗和理論都表明，μ 子最主要的衰變模式（所占比例接近 100%）是 $\mu \rightarrow e\bar{\nu}_e\nu_\mu$，即衰變為電子、反電子中微子和 μ 子中微了[12]。很明顯，在 μ 子系中，由這一衰變產生的電子在它與 $\bar{\nu}_e$ 及 ν_μ 同時反向時具有最大能量（這一最大能量約為 μ 子靜質量的一半）。由於這種情形下 $\bar{\nu}_e$ 和 ν_μ 的總自旋為零（因為兩者的手徵相反），因此角動量守恆要求電子自旋與 μ 子自旋同向。另一方面，弱交互作用的手徵性要求這種情況下產生的電子具有左手手徵，即運動方向與自旋方向 —— 從而也與 μ 子的自旋方向 —— 相反。這樣，我們就得到了一個重要結果，即能量最大的電子是沿著與 μ 子自旋相反的方向發射的。

12　更準確地說，在這一衰變過程中除產生上述粒子外，還有 1.4% 左右的機率發射一個光子。

當然，上面的結論是在 μ 子系中得到的（這是實驗物理學家們要「腳踩兩條船」，即考慮 μ 子系中的自旋的根本原因）。現在，讓我們重新回到實驗室系中 —— 畢竟，真正的實驗是在這裡進行的。我們要問這樣一個問題：什麼情況下我們能在**實驗室系**中觀測到具有最大能量的電子？答案是顯而易見的：是在 μ 子本身的運動方向與 μ 子系中具有最大能量的電子的發射方向相同的情況下。由於我們已經知道，這種情況下電子的發射方向與（μ 子系中的）μ 子自旋方向相反，因此，實驗室系中能量最大的電子出現在（μ 子系中的）μ 子自旋與其運動方向相反的情況下。

好了，希望大家沒有被 μ 子系、實驗室系、μ 子自旋、電子自旋、μ 子運動方向等概念搞迷糊。現在線索已然齊備，我們要將它們串聯起來，給出測定 μ 子異常磁矩的方法了。由於 μ 子自旋相對於運動方向的進動角速度由式 (9) 給出，因此每隔一個週期 $2\pi/|\boldsymbol{\omega}|$（這是實驗室系中的週期，因為 $\boldsymbol{\omega}$ 是實驗室系中的進動角速度）就會出現一次自旋與運動方向相反的情形（順便說一下，這也正是我們在上節中要考慮自旋相對於運動方向的進動的原因），這時人們在實驗室中便會觀測到數量最多的高能電子。借助於這一特點，人們便可透過觀測實驗室中高能電子數量的週期性起伏而得到 $\boldsymbol{\omega}$，並進而透過式 (9) 推算出 μ 子的異常磁矩 a_μ。

這就是物理學家們測定 μ 子異常磁矩的基本思路。從上面

的分析中我們可以看到，μ 子產生衰變過程中的手徵性簡直像是為人們能精確測定它的異常磁矩而量身設定的，這是實驗物理學家的幸運。但是，實驗的結果讓理論物理學家們陷入了失眠 —— 當然，也許是一種快樂而充實的失眠。

8.5 實驗技巧略談

讀到這裡，有讀者或許會因為式 (9) 的簡單而覺得在實驗上測定 μ 子的異常磁矩並不是一件很困難的事情。如果有人這樣想了，那無疑是我的「罪過」，我要第一時間在這裡澄清一下。為了不被式 (9) 的簡單性所誤導，我們要記住，我們面對的不是幾個乖乖躺在實驗桌上任我們用手或鑷子抓取的玻璃球，而是一群看不見摸不著、幾乎永不停息地高速運動著的微觀粒子。不僅如此，這些小傢伙的平均壽命還短得可憐，只有百萬分之二秒 (這在非穩定粒子中已經算長壽了)，即便考慮到我們下面會提到的相對論的時間延遲效應，它們能供我們研究的平均時間也只有十萬分之六秒左右。在日常語言中，我們常用「命如蜉蝣」來形容壽命的短暫，其實跟 μ 子相比，蜉蝣 —— 它們的壽命約為一天 —— 簡直就像神仙一樣長壽了。

老實說，對於粒子實驗物理學家們讓那些如此微小的傢伙在巨大的環形通道裡轉來轉去，並在十萬分之一秒、百萬分之一秒，甚至更短得多的時間裡「壓榨」出那麼多可靠訊息的能力，我始終充滿了欽佩並深感不可思議。不瞞讀者說，我在物

理實驗上向來是笨手笨腳的，大學時但凡和同學一起做實驗，我總是充分發揚孔融讓梨的精神，把操作儀器的差事讓給同學，自己則負責分析資料及撰寫實驗報告。因此，實驗物理學家們的精巧技術在我眼裡簡直就像是魔術，也正因為如此，我必須毫無保留地承認我不可能細緻地介紹實驗技巧。

不過，有一個細節我願在這裡充當內行提一下。

讀者也許還記得，我們在推導式 (9) 的過程中，曾提到過一個限制條件，即「電場為零，磁場均勻且垂直於 μ 子運動平面」。這一條件的後半部分 ── 「磁場均勻且垂直於 μ 子運動平面」 ── 在實驗中得到了相當良好的貫徹。但前半部分 ── 「電場為零」 ── 卻並非事實。實際情況是：自 1970 年代起，人們在測定 μ 子異常磁矩的實驗中就採用了特定的電場分布來幫助 μ 子束聚焦。這一手段最初是由歐洲核子研究中心（European Organization for Nuclear Research, CERN）的物理學家們採用的，後來被其他實驗室 ── 比如美國的布魯克黑文國家實驗室（Brookhaven National Laboratory） ── 所繼承，它的一個很大的好處是可以保證磁場更加均勻。為什麼這麼說呢？因為在採用這一手段之前，物理學家們通常需要靠磁場的非均勻性來幫助 μ 子聚焦，這對實驗精度是有顯著損害的 [13]。不過，電場的應用也會產生一個問題，那就是它會在式 (9) 中引進一個與電場有關的附加項，使之變為

13　因為磁場一旦不均勻，則不僅式 (9) 不再嚴格成立，我們還必須在一定程度上測定 μ 子所處的位置（因為不同位置上的磁場不同），而這是很不容易做到的。

$$\omega = \left(\frac{e}{m}\right) a_\mu \boldsymbol{B} - \left(\frac{e}{m}\right) \left(a_\mu - \frac{1}{\gamma^2 - 1}\right) \boldsymbol{v} \times \boldsymbol{E} \tag{10}$$

式（10）中的附加項與電場及 μ 子的速度都有關，對實驗來說顯然是很大的麻煩。但幸運的是，我們只要適當地控制 μ 子的能量，使 a_μ-1/(γ^2-1) 恰好為零，這惱人的附加項就會自動消失，從而式（9）仍然成立。實驗表明，這一「適當」的能量約為 3.1GeV，相應的 γ 約為 29.4，物理學家們對 μ 子異常磁矩的現代測定正是在這一條件下進行的[14]。我們將這一情況稱為幸運，是因為它之所以可能，首先是由於 μ 子的異常磁矩 a_μ 恰好是正的，否則 a_μ-1/(γ^2-1) 在任何能量下都不可能為零；其次則是由於 a_μ 很小，從而使滿足 a_μ-1/(γ^2-1) 為零的 γ 較大，這使得相對論的時間延緩效應足夠顯著，讓物理學家們有足夠的時間來精密測定 μ 子的異常磁矩。

因此，對 μ 子異常磁矩的精密測定之所以可能，除仰仗實驗物理學家們的高明技術外，也是很多幸運因素的共同結果：這其中既包含了 π 介子及 μ 子的衰變性質，弱交互作用的手徵性，也包含了 μ 子異常磁矩為正並且數值很小這一事實。

那麼，在這麼多幸運因素的共同佑護下，物理學家們得到了什麼樣的實驗結果呢？

14　不過 a_μ-1/(γ^2-1) 為零這一條件本身卻並不足以作為精密測定 a_μ 的方法（請讀者想一想這是為什麼）。

8.6 實驗結果概述

我們已經看到，測定 μ 子異常磁矩的方法顯著依賴於弱交互作用的手徵性。對這種手徵性的認識可以回溯到 1956 年，那一年李政道和楊振寧提出了弱交互作用中宇稱不守恆的假設，並在半年之後由吳健雄的實驗組率先給予了證實。這些是多數科學愛好者都很熟悉的故事，但很多人也許並不知道，在發表吳健雄論文的那一期《物理評論》（*Physical Review*）雜誌上，緊挨著吳健雄論文的是另一篇粒子物理實驗論文，那篇論文的作者與李政道、吳健雄一樣，也是哥倫比亞大學的物理學家，他們所描述的實驗結果也驗證了弱交互作用中的宇稱不守恆。

這兩篇論文的比鄰而居不是偶然的。原來，哥倫比亞大學自 1953 年李政道加入之後，逐漸形成了一個星期五聚會的習慣，這一聚會在餐館舉行，通常由李政道點菜。不難想像，一群物理學家聚在一起 —— 哪怕聚會地點是餐館 —— 不會僅僅是為了吃飯。在這類餐會上，他們常常「假私濟公」地交流一些物理方面的看法和訊息。吳健雄的實驗得到初步的肯定結果後，李政道就在餐會上介紹了這一結果，那是 1957 年的 1 月 4 日。

在共進午餐的物理學家中，有位實驗物理學家名叫利昂・萊德曼（Leon Lederman），當時正在研究 π 介子的衰變。聽了李政道的介紹後，萊德曼很感興趣，當晚就與兩位同事設計出了一種不同於吳健雄小組的實驗方案。他們的方案採用的是 π 介子

和 μ 子的衰變過程，即我們在前面介紹過的衰變過程，這也是李政道和楊振寧在其論文中明確提議過的宇稱不守恆的檢驗途徑之一。當時弱交互作用中的宇稱問題已經引起了很多物理學家的關注，為避免被人搶先，萊德曼等人徹夜不眠，於次日凌晨就在哥倫比亞大學所屬的內維斯實驗室（Nevis Laboratories）裡著手展開了實驗的準備工作，在實驗期間他們甚至親自動手處理器件故障，以免因修理工週末不工作而耽誤進度。與吳健雄在美國國家標準局（今美國國家標準暨技術研究院）進行的歷時半年的漫長實驗不同，萊德曼等人經過一個緊張的週末及星期一的努力，於 1 月 8 日（星期二）清晨就得到了肯定的結果——證實了弱交互作用中宇稱不守恆。

當然，這並不表明萊德曼等人的實驗技巧要遠高於吳健雄小組，這兩組實驗的真正差別是：萊德曼等人的實驗系統是對原有系統的調整，他們的實驗技術是純粹的粒子物理技術，他們的實驗場所則是純粹的物理實驗室；而吳健雄小組的實驗系統是從零做起的新系統，他們的實驗技術涉及極低溫技術（從而需要與低溫物理專家進行跨領域合作），而他們的實驗場所則在效率相對低下的政府部門。不過萊德曼等人在發表論文時，特意等吳健雄小組先提交論文，這樣他們的論文就排在了吳健雄小組之後，並且他們在自己的論文中明確聲明，在實驗之前他們就已經知道吳健雄小組的實驗結果，從而進一步確立了吳健雄小組的首要地位 [15]。在優先權之爭極為熾熱的環境下，多數物

---

15 值得一提的是，事後的回溯發現，早在 1928 年就已經有實驗為弱交互作用中

理學家在多數時候所保持這種相互間的信賴與誠實，是一種可貴的學術倫理。

我們之所以講述這段歷史插曲，是因為對我們的故事來說，萊德曼等人的實驗雖比吳健雄小組晚，卻有一個重要特點，那就是它不僅驗證了弱交互作用中的宇稱不守恆，而且還首次測定了μ子的 g 因子，結果為 2.00±0.10（請讀者想一想，這樣的結果所對應的異常磁矩是什麼）。因此，對μ子異常磁矩的實驗測定可以說是從早得不能更早的時候起就已展開了，當時距離μ子被發現雖已有整整 20 年的時間，但人們對μ子還瞭解得很少，甚至對它的自旋是否為 1/2 都還不很確定。萊德曼等人在陳述實驗結果時，將μ子的自旋很可能是 1/2 也作為實驗結果的一部分 [16]。

關於萊德曼，還有一點可以補充，那就是他因 1962 年發現μ子中微子而與另兩位物理學家一起獲得了 1988 年的諾貝爾物理學獎 [17]。

自那以後將近半個世紀的時間裡，物理學家們又進行了一

的宇稱不守恆提供了某些證據，但那些實驗被粒子物理學家們普遍忽略了，從而未對歷史發展產生影響。

16　萊德曼等人的實驗主要是針對μ+ 的，但也對μ- 的情況進行了粗略的檢驗。他們的實驗之所以可以對μ子的自旋做出一定的推測，是因為 g 因子為 2 是量子力學對自旋 1/2 粒子的預言，根據菲爾茨 - 包立理論（Fierz-Pauli theory），另一類費米子—自旋 3/2 的粒子—的量子力學 g 因子為 2/3，與實驗結果明顯不符。

17　其實μ子中微子早就在實驗—比如萊德曼等人 1957 年的實驗—中出現了，但在 1962 年之前，人們以為所有中微子都是一樣的，並不知道存在μ子中微子與電子中微子的區別。

系列測定 μ 子異常磁矩的實驗。這些實驗主要是在歐洲核子研究中心及美國布魯克黑文（Brookhaven）國家實驗室中進行的。在實驗物理學家們不斷改進實驗精度的同時，理論物理學家們也沒閒著，他們先是在量子電動力學中，後來則是在整個標準模型的框架內進行著高度複雜的理論計算，給出了越來越精密的計算結果。實驗與理論就像一對比翼雙飛的蝴蝶，勾畫著物理學發展的美麗圖線。

然而在這過程中，兩度出現了實驗與理論的偏差。

其中第一次偏差出現在 1968 年，當時實驗物理學家們在歐洲核子研究中心得到了精度為百萬分之二百六十五（265ppm，ppm 表示百萬分之一）的結果，與當時的理論計算存在 1.7σ 的差距（σ 為實驗與理論的聯合標準差）。從機率上講，這種情況出自偶然的可能性約為 9%。這雖然絕非不可能，但畢竟不是一個很大的機率，因此物理學家們展開了仔細的核查，結果發現在量子電動力學的三環圖計算中存在錯誤。排除這一錯誤後，實驗與理論恢復了良好的吻合，第一次偏差有驚無險。

第二次偏差則出現在 2001 年，當時實驗物理學家們在美國布魯克黑文國家實驗室得到了精度為 1.3ppm 的實驗結果，數值為：a_μ(實驗)=0.0011659202(14)(6)[18]。而當時理論計算的精

18　在諸如 0.0011659202(14)(6) 這樣的記號中，括號中的數字表示的是最後一到兩位（視括號中數字的位數而定）有效數字的誤差（之所以只有一到兩位，是因為它本身就是誤差，位數多了並無意義）。兩個括號表示的則是存在兩類不同的誤差 —— 通常是隨機誤差與系統誤差。

度已達到了 0.57ppm，數值為：a_μ(理論)=0.00116591596(67)。兩者的偏差約為 43×10^{-10}，而實驗與理論的聯合標準差僅為 16×10^{-10}。這表明實驗與理論的偏差達到了 2.6σ。這種偏差出自偶然的機率僅為 1%。布魯克黑文國家實驗室的這一結果不僅引起了物理學界的重視，甚至還吸引了媒體的關注。2001 年 2 月 9 日，《紐約時報》罕見地在頭版報導了這一消息，標題採用了新聞界慣用的聳人聽聞的風格：《最細微的粒子在物理理論中捅出了大洞》（*Tiniest of Particles Pokes Big Hole in Physics Theory*）。

　　但這一偏差不久之後也得到了一定程度的緩解，問題仍是出在理論上。位於法國馬賽的理論物理中心（Centrede Physique Théorique）的物理學家馬克・克內克特（Marc Knecht）等人發現了理論計算中的一處錯誤，這錯誤出現在涉及介子的某一類被稱為「光子 - 光子」（light-by-light）的散射之中（我們將會在後文中解釋什麼叫做「光子 - 光子」散射）。克內克特等人針對 π、η、η' 介子的計算表明，由這些介子參與的「光子 - 光子」散射對 μ 子異常磁矩的貢獻應該由原先以為的 $-9.2(3.2) \times 10^{-10}$ 修正為 $8.3(1.2) \times 10^{-10}$。經過這樣的修正，實驗與理論的偏差縮小到了 $25(16) \times 10^{-10}$。這雖然仍有 1.6σ，但比原先的 2.6σ 還是好了很多，出自偶然的機率提高了一個數量級而變成了 11%。2002 年，克內克特等人發表了自己的計算結果，μ 子異常磁矩問題得到了暫時的緩解。

　　但這種緩解很快就失效了。

2004 年，物理學家們在對幾組最新實驗資料進行統計平均，並利用場論中的 CPT 對稱性對有關 μ⁻ 和 μ⁺ 的資料進行合併的基礎上，給出了截至本文寫作之時（2009 年 4 月）為止精度最高的 μ 子異常磁矩實驗值：a_μ(實驗)=116592080(63)×10⁻¹¹，這一結果被稱為「世界平均」（world average），它的精度達到了 0.54ppm。

在圖 8-1 中，我們附上了實驗結果中高能電子數量隨時間變化的測量結果。這幅圖的技術細節就不在這裡敘述了，如我們在 8.3 節和 8.4 節中所分析的，高能電子數量的變化週期，是測定 μ 子異常磁矩的關鍵所在。從圖 8-1 中我們可以看到，高能電子數量的週期性變化在實驗中顯示得非常清晰。利用這樣清晰的實驗圖線，可以得到非常精確的變化週期，並進而得到非常精確的 μ 子異常磁矩值。

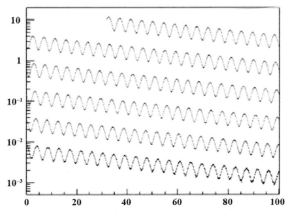

圖 8-1　μ 子異常磁矩實驗中高能電子數量的週期性變化

在表 8-1 中，讀者可以看到自 1957 年萊德曼等人的實驗到 2004 年的「世界平均」期間，物理學家們在測定 μ 子異常磁矩過程中所做過的實驗測定及其結果[19]。

表 8-1 μ 子異常磁矩的實驗測定

時間	實驗室	物理學家	粒子	實驗結果	精度
1957	內維斯	萊德曼等	μ⁺	0.00±0.10	
1959	內維斯	萊德曼等	μ⁺	0.00113(14)	12.40%
1961	歐洲核子研究中心	G. 夏帕克 (G. Charpak) 等	μ⁺	0.001145(22)	1.90%
1962	歐洲核子研究中心	G. 夏帕克 (G. Charpak) 等	μ⁺	0.001162(5)	0.43%
1968	歐洲核子研究中心	J. 貝利 (J. Bailey) 等	μ±	0.00116616(31)	265ppm
1975	歐洲核子研究中心	J. 貝利 (J. Bailey) 等	μ±	0.001165895(27)	23ppm
1979	歐洲核子研究中心	J. 貝利 (J. Bailey) 等	μ±	0.001165911(11)	7.3ppm
2000	布魯克黑文	H.N. 布朗 (H. N. Brown) 等	μ⁺	0.0011659191(59)	5ppm
2001	布魯克黑文	H.N. 布朗 (H. N. Brown) 等	μ⁺	0.0011659202(14)(6)	1.3ppm
2002	布魯克黑文	G.W. 貝涅特 (G. W. Bennett) 等	μ⁺	0.0011659203(8)	0.7ppm
2004	布魯克黑文	G.W. 貝涅特 (G. W. Bennett) 等	μ⁻	0.0011659214(8)(3)	0.7ppm
2004	布魯克黑文	G.W. 貝涅特 (G. W. Bennett) 等	μ±	0.00116592080(63)	0.54ppm

我之所以不厭其煩地列出上面這些實驗結果，而不僅僅寫下一個最新的實驗資料，是因為每次看到這樣的列表 —— 無論

---

19 確切地說，表格中 1959 年內維斯實驗的誤差是上限 +16（即 +0.00016），下限 -12（即 -0.00012）。

是關於物理學家們對 μ 子異常磁矩的實驗測定還是關於數學家們對黎曼 ζ 函數非平凡零點的計算 —— 都讓我有一種感動。在現實生活中，我們很容易驚嘆於兵馬俑的嚴整和壯觀，或感動於體育賽場上的拚搏和追求，但其實，上面這種看似枯燥的資料列表所顯示的鍥而不捨和精益求精，又何嘗不是一種令人驚嘆和感動的成就呢？這是智慧的馬拉松，是人類探索未知世界的堂堂之陣。

從上面的實驗結果中可以看到，早在 1979 年，第二次偏差尚未出現時，人們對 μ 子異常磁矩的實驗測定就已達到了 7ppm 的高精度，那樣高精度的實驗與同樣高精度的理論相吻合，那是何等精彩的成就？但物理學家們並未就此止步，他們的目光總是望著更遠的地方。大自然是迷人的，它的迷人不僅在於美麗，更在於它永遠蒙著面紗。無論已經走得多遠，無論取得過多麼精彩的成就，我們都無法事先就確知一次新的探索是否會帶來新的驚奇。某些對科學方法無知的人喜歡把科學界對科學的推崇與教徒們對宗教的信仰混為一談，他們沒有看到，在科學界推崇科學的背後，是他們對未知世界永不停止的追求。在那樣的追求中，他們隨時準備面對新的挑戰，他們樂於接受新的事實，勇於檢討舊的體系。更重要的是，無論是接受新的事實還是檢討舊的體系，他們都一如既往地嚴謹、求實、沉穩、坦率，他們大膽假設、小心求證，不讓主觀意願蒙蔽方向，他們既不像宗教信徒那樣死守教條、罔顧事實，也不像「民間科學家」那樣塗鴉幾筆就歡呼自己發現了新大陸。這種開放與紮實是

科學能不斷發現問題、探索問題、解決問題的力量源泉。

說遠了，回到 μ 子的異常磁矩上來。

從數值上看，2004 年的「世界平均」與 2001 年的結果相差並不大，另一方面，這期間理論計算的結果也變化不大。因此實驗與理論的偏差與 2002 年經過克內克特等人的理論修正後的偏差相比，並未發生太大變化。但問題是：在此期間實驗資料的精度已由 2001 年的 1.3ppm 顯著縮小到了 2004 年的 0.54ppm，因此並未發生太大變化的偏差用顯著縮小了的誤差來衡量就變大了，性質也變嚴重了。具體地說，自 2004 年的 μ 子異常磁矩的「世界平均」公布後，實驗與理論的偏差已變成了 3.2σ，這樣的偏差出自偶然的機率只有千分之一點四（0.14%）。

出自偶然的機率如此之小，意味著實驗與理論的偏差有可能不是偶然，而有別的原因。究竟是什麼原因呢？這便是最近幾年吸引了很多物理學家注意的 μ 子異常磁矩之謎[20]。

不過，這既然是橫亙在實驗與理論之間的謎團，我們理應也介紹一下托起謎團的另外半邊天 —— 理論物理學家 —— 的工作，他們在研究 μ 子異常磁矩的征途中所付出的艱辛、所獲得的成果都不亞於實驗物理學家，他們也是故事的主角。

20　由於不同文獻採用的理論資料略有差異，因此有些文獻給出的偏差為 3.4σ，甚至為 3.6σ，相應的機率分別為 0.07% 和 0.03%。

8.7 理論計算 —— 經典電動力學

現在我們來談談理論方面的工作。我們知道，磁矩並不是什麼難懂的概念，事實上，每位學過經典電動力學的讀者都多多少少做過一些有關磁矩的計算。在經典電動力學中，一個電流分布產生的磁矩為

$$\mu = \frac{1}{2} \int r \times j \mathrm{d}^3 r \tag{11}$$

其中 j 為電流密度向量，它是電荷密度 ρ_e 與速度 v（都作為坐標的函數）的乘積，即 $j = \rho_e v$。如果我們假設電荷分布是由某種具有固定荷質比的粒子所組成的，那麼電荷密度應該與質量密度 ρ_m 成正比，即 $\rho_e = (e/m)\rho_m$，則

$$\mu = \frac{e}{2m} \int \rho_m r \times v \mathrm{d}^3 r = \frac{e}{2m} s \tag{12}$$

其中 s 為該電流體系的角動量。

將式（12）與前面式（1）相比較，我們看到，這樣一個經典電流分布的 g 因子為 1（請讀者想一想，它所對應的異常磁矩是多少），只有實驗測得的 μ 子 g 因子的一半左右。這一計算雖然是經典的，但與量子理論中有關軌道磁矩的結果相一致。不過，我們在進行上述計算時曾假定電荷密度與質量密度成正比。這樣的假設對於像軌道磁矩這樣電荷分布由某種具有固定

荷質比的粒子 —— 比如電子 —— 所組成的體系是適用的。但如果考慮的是像 μ 子這樣其內部結構本身就純屬虛構的對象，電荷密度與質量密度成正比的假設就並非不言而喻了。

如果我們放棄電荷密度與質量密度成正比的假設，那麼在原則上就可以透過引進彼此獨立的電荷及質量分布來得到不同的 g 因子，甚至得到與實驗相一致的結果。倘若時間退回到經典電子論盛行的年代，這或許不失為一件可以嘗試的事情。但如今我們早已知道，這樣的經典模型絕不是計算 μ 子磁矩的正道，它頂多能作為經典電動力學的練習題[21]。

8.8 理論計算 —— 相對論量子力學

告別了經典電動力學，理論計算的下一站顯然就是量子力學，確切地說是以狄拉克方程式為基礎的相對論量子力學。相對論量子力學的出現帶來了幾個很漂亮的結果，把當時幾個重要的經驗假設或孤立推導變為了理論的自然推論，這其中包括 1/2 自旋，自旋 - 軌道耦合中的托馬斯因子，以及本文所關心的 g 因子。這幾個結果的推導如今已是量子力學教材的標準內容，我們在這裡只簡單介紹一下對 g 因子的推導。由於 g 因子體現在磁矩與外場的耦合上，因此我們需要用到帶外場的狄拉克方程式（這裡我們採用約化普朗克常數 ℏ 及光速 c 均為 1 的單位

21　對這樣的練習題感興趣的讀者可以試著計算一些電荷密度不正比於質量密度的經典模型，比如質量密度具有電磁起源的模型，看看能得到怎樣的 g 因子。

制）：

$$(i\gamma^\mu D_\mu - m)\psi = 0 \qquad (13)$$

式中 γ^μ 是狄拉克矩陣，$D_\mu = \partial_\mu + ieA_\mu$ 是協變導數。用 $(i\gamma^\mu D_\mu + m)$ 作用於式（13），利用狄拉克矩陣的代數性質，小心處理算符的順序，並與非相對論量子力學方程式相比較，便可得到一個描述磁矩與外場交互作用的哈密頓項：

$$\delta H = -\left(\frac{e}{4m}\right)\sigma^{\mu\nu}F_{\mu\nu} = -\left(\frac{e\boldsymbol{\Sigma}}{2m}\right)\cdot\boldsymbol{B} + (\text{電場耦合項}) \qquad (14)$$

這裡 $\sigma^{\mu\nu} = (i/2)[\gamma^\mu, \gamma^\nu]$，其空間分量為 $\sigma^{ij} = (1/2)\varepsilon^{ijk}(\boldsymbol{\Sigma}_k/2)$，而 $\boldsymbol{\Sigma}_k/2$ 正是 1/2 自旋 s 的分量的 4×4 矩陣表示。這一哈密頓項對應的磁矩為 $\boldsymbol{\mu} = (e/m)s$，與式（1）相比較便可得到 $g=2$，或者說異常磁矩為零。因此相對論量子力學預言自旋 1/2 帶電粒子的異常磁矩為零。這一結果最初是針對電子的，但它適用於包括 μ 子和 τ 子在內的所有沒有內部結構的自旋 1/2 帶電粒子。在 1940 年代後期的精密實驗出現之前，這一結果與實驗吻合得很好，而且它有一個非常漂亮的特點，那就是無須對粒子的內部結構作出任何人為假設。

但如今我們當然早已知道，這也並非故事的全部。相對論量子力學所給出的自旋 1/2 帶電粒子的磁矩只是它們的「正常」磁矩。雖然電子、μ 子和 τ 子迄今仍被認為是沒有內部結構的基

本粒子，但它們的 g 因子卻並不恰好等於 2，它們都存在所謂的異常磁矩，對這些異常磁矩的理解是量子場論的一大成果。

8.9 理論計算 —— 量子電動力學

具有現實意義的最簡單的量子場論之一是量子電動力學（quantum electrodynamics, QED），它是描述自旋 1/2 的帶電粒子與電磁場交互作用的理論。對於計算 μ 子的異常磁矩來說，這是最具重要性的理論，因為電磁交互作用是 μ 子所參與的最強的交互作用。相應地，來自量子電動力學的貢獻在 μ 子異常磁矩中也占了最主要的份額。

量子電動力學對 μ 子異常磁矩的最低階貢獻來自如圖 8-2 所示的單圈圖（當然，量子電動力學也包含了 μ 子的「正常」磁矩 —— 請讀者想一想，與「正常」磁矩相對應的圖是怎樣的）。這幅圖雖然簡單，計算起來卻絕非輕而易舉，在 1940 年代，這類簡單的圈圖（當然，它最初並不是用圖來表示的）曾經使很多物理學家深感困惑，其中包括像波耳和狄拉克那樣的量子力學先驅 —— 因為直接計算的結果是發散的。時過境遷，這個單圈圖的計算如今早已「標準化」，成了量子場論教材中有關重整化計算的標準內容，它所給出的 μ 子異常磁矩為：

$$a_\mu^{(2)} = \frac{\alpha}{2\pi} = 0.5\left(\frac{\alpha}{\pi}\right) \tag{15}$$

式中 $\alpha=e^2\approx1/137.035999679(94)$ 為描述電磁交互作用強度的精細結構常數（感興趣的讀者請試著恢復一下被略去的約化普朗克常數和光速），上標（2）表示該結果相對於 e 的冪次（一般地，n 圈圖對應的冪次為 $2n$）。這一單圈圖結果最早是由美國物理學家朱利安・施溫格（Julian Schwinger）在 1948 年得到的，它當時針對的是電子，但實際與輕子類型無關（只要自旋為 1/2，電荷為 e），因而是普適的。$\alpha/2\pi$ 這一漂亮結果後來被刻在了施溫格的墓碑上。

上述單圈圖的貢獻約占 μ 子異常磁矩的 99.6%。對於實驗精度不高的物理量來說，單此一項無疑就是很好的結果了，可是 μ 子異常磁矩恰好是實驗精度很高的物理量，因此我們必須「大膽地往前走」。接下來的貢獻來自雙圈圖。不幸的是，圈圖計算的複雜度是隨圈數增加而指數上升的，雙圈圖不僅數量有 9 幅之多，而且每一幅都遠比量子場論教材中的例題來得複雜（圖 8-3）。

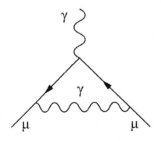

圖 8-2　μ 子異常磁矩的量子電動力學單圈圖

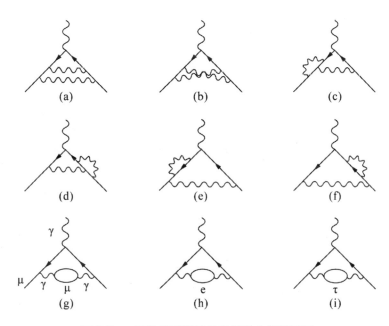

圖 8-3μ　子異常磁矩的量子電動力學雙圈圖

　　在圖 8-3 中，(a) ～ (g) 只含 μ 子本身及光子，與輕子類別無關，因而與單圈圖的貢獻一樣，也是普適的（請讀者想一想，圖 8-3 (g) 明明包含 μ 子內線，為何結果會與輕子類別無關）。這 7 幅圖的計算雖然複雜，結果卻還算緊湊，並且具有純解析的係數，具體形式為 [22]

22　在這一結果（以及更複雜的圈圖結果）中出現了像黎曼 ζ 函數這樣的超越函數（transcendental function），這種函數的出現不是偶然的，而是與諸如紐結理論（knot theory）及非對易幾何（Noncommutative geometry，簡稱 NCG）那樣的數學結構有著一定的關聯。

$$a_{\mu}^{(4)} = \left[\frac{197}{144} + \frac{\pi^2}{12} - \left(\frac{\pi^2}{2}\right)\ln 2 + \frac{3}{4}\zeta(3)\right]\left(\frac{\alpha}{\pi}\right)^2 = -0.328478965579\cdots\left(\frac{\alpha}{\pi}\right)^2 \quad (16)$$

這一結果是 A. 彼得曼（A. Petermann）和 C. M. 索默菲爾德（C. M. Sommer field）於 1957 年彼此獨立地得到的。

雙圈圖中的最後兩幅分別含有電子與 τ 子的內線，因此其結果與電子及 τ 子的質量 —— 確切地說是它們與 μ 子的質量之比 —— 有關。這兩幅圖的貢獻分別為（括號中的 e 和 τ 表示內線的類型）[23]：

$$a_{\mu}^{(4)}(e) \approx 1.0942583111(84)\left(\frac{\alpha}{\pi}\right)^2$$

$$a_{\mu}^{(4)}(\tau) \approx 0.000078064(25)\left(\frac{\alpha}{\pi}\right)^2$$

對於這兩個結果，有兩點可以補充。第一點是：$a_{\mu}^{(4)}(e)$ 具有解析表達式，但由於係數的表達式中含有電子與 μ 子的質量，因而與式（16）的純解析的係數不同，會受實驗誤差影響；第二點則是：$a_{\mu}^{(4)}(\tau)$ 中最具貢獻的項正比於 $(m_{\mu}/m_{\tau})^2$。這種來自於重粒子內線的質量平方依賴性具有重要意義，因為它表明倘若在某個未知的能標上存在某種尚不為我們所知的「新物理」（相應地

---

23 我們所引的數值結果已採用了輕子質量的最近實驗值。不過對那兩幅圖的計算本身則是 1950 年代和 60 年代的工作（當時雖然 τ 子尚未被實驗所發現，但理論物理學家們仍考慮了重輕子內線的情形）。

存在某種表徵該能標的重粒子）對輕子的異常磁矩有影響，那麼這種影響對 μ 子要比對電子的大四個數量級（因為 μ 子的質量平方要比電子的大四個數量級）。也正因為如此，雖然電子異常磁矩的實驗精度比 μ 子的高出三個數量級[24]，但 μ 子異常磁矩對「新物理」的敏感度卻要高於電子異常磁矩[25]，這是人們重視 μ 子異常磁矩，並且或許也是人們首先在 μ 子異常磁矩上發現偏差的主要原因 —— 當然，這一偏差的客觀性在目前還不是毫無爭議的（我們會在後文中提到）。

雙圈圖的情形大體就是如此，下一關是多達 72 幅的三圈圖 —— 而且平均而言每一幅都比雙圈圖困難得多。在那 72 幅三圈圖中，只含光子及 μ 子內線的普適部分具有解析結果，其數值為：

$$a_\mu^{(6)} = 1.181241456578\cdots\left(\frac{\alpha}{\pi}\right)^3 \tag{17}$$

這 一 結 果 是 S. 拉 珀 塔（S. Laporta）和 E. 萊 密 迪（E. Remiddi）經過 25 年的艱辛計算，於 1996 年得到的。當然，在那之前人們已做過數值計算，拉珀塔和萊密迪的解析結果很好

24　截至 2008 年，電子異常磁矩的實驗值為 115965218073(28)×10⁻¹⁴，誤差為 0.24ppb（十億分之零點二四，ppb 為十億分之一）。

25　細心的讀者也許會問：那麼 τ 子呢？τ 子的質量平方比 μ 子的還要大兩個數量級，它對新物理的敏感度豈不是更高？答案是：τ 子異常磁矩對新物理的敏感度的確比 μ 子的更高，但可惜的是，τ 子異常磁矩的實驗精度卻太低（其中一個重要原因是 τ 子的壽命太短），從而徹底抵消了敏感度上的優勢。

102

地印證了那些數值計算。

與雙圈圖類似，在三圈圖中也有包含電子或 τ 子內線的圖，不僅如此，在三圈圖中還首次出現了同時包含電子和 τ 子內線的圖。這三類圖的貢獻分別為

$$a_\mu^{(6)}(e) \approx 1.920455130(33)\left(\frac{\alpha}{\pi}\right)^3$$

$$a_\mu^{(6)}(\tau) \approx -0.00178233(48)\left(\frac{\alpha}{\pi}\right)^3$$

$$a_\mu^{(6)}(e,\tau) \approx 0.00052766(17)\left(\frac{\alpha}{\pi}\right)^3$$

除這些可效仿雙圈圖進行分類的圖之外，在三圈圖層次上還首次出現了如圖 8-4 所示的「光子 - 光子」散射[26]：

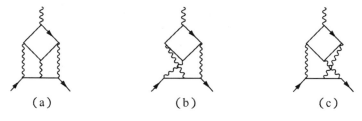

圖 8-4　三圈圖中的「光子 - 光子」散射

26　這類散射之所以被稱為「光子 - 光子」散射，是因為圖的上半部是一個連接四條光子線的費米子圈，這是描述最低階「光子 - 光子」散射的圈圖。

這是一類純粹由光子內線連接上下兩部分的圖（學過量子電動力學的讀者請想一想，可不可以透過去掉上述圖中的某條光子內線，使「光子 - 光子」散射出現在雙圈圖中）。在這類圖中，費米子內圈為 μ 子的貢獻已包含在了式（17）中，剩下的是費米子內圈為電子及 τ 子的情形，其結果分別為（下標「1×1」表示「light-by-light」）：

$$a_\mu^{(6)}(e)_{l\times l} \approx 20.94792489(16)\left(\frac{\alpha}{\pi}\right)^3$$

$$a_\mu^{(6)}(\tau)_{l\times l} \approx 0.00214283(69)\left(\frac{\alpha}{\pi}\right)^3$$

以上就是三圈圖的貢獻。從拉珀塔和萊密迪花費 25 年的時間才計算出其中的一部分來看，三圈圖無疑是可怕的。但跟四圈圖相比，三圈圖就又不算什麼了。四圈圖共有 891 幅之多，而且平均而言每一幅又比三圈圖困難得多。但四圈圖已在實驗可以檢驗的精度範圍之內，因此這一關必須得過。幸運的是，在電腦的輔助下，經過許多物理學家多年的努力，四圈圖的數值計算也已經有了結果。截至 2008 年，四圈圖的計算結果中只含光子及 μ 子內線的普適部分為

$$a_\mu^{(8)} = -1.9144\cdots\left(\frac{\alpha}{\pi}\right)^4 \tag{18}$$

含電子或 τ 子內線的非普適部分的貢獻為（其中「光子 - 光

子」散射已按所涉及的費米子內線的類型歸入相應的類別了）

$$a_\mu^{(8)}(e) \approx 132.6823(72)\left(\frac{\alpha}{\pi}\right)^4$$

$$a_\mu^{(8)}(\tau) \approx 0.005(3)\left(\frac{\alpha}{\pi}\right)^4$$

$$a_\mu^{(8)}(e,\tau) \approx 0.037594(83)\left(\frac{\alpha}{\pi}\right)^4$$

這裡我們照例將一般項 —— $a_\mu^{(8)}$ —— 單獨列了出來。有些物理學家在比較了一圈圖到四圈圖的一般項（15）～（18）之後注意到了兩個特點：一是它們的符號正負交錯；二是它們的數值係數都不大（數量級為 1）。這兩個特點（尤其是前一個）是否具有普遍性，目前尚無定論。

上述圈圖計算基本包含了截至本文寫作之時（2009 年 4 月）為止的 μ 子異常磁矩實驗能夠檢驗的所有量子電動力學效應。但這還不是故事的全部，理論物理學家們對總數多達 12,672 幅的五圈圖的貢獻也進行了估算，其結果為：

$$a_\mu^{(10)} \approx 663(20)\left(\frac{\alpha}{\pi}\right)^5$$

現在我們小結一下量子電動力學對 μ 子異常磁矩的貢獻（表 8-2）。

表 8-2　量子電動力學對 μ 子異常磁矩

單圈圖貢獻	$116,140,973.289(43) \times 10^{-11}$
雙圈圖貢獻	$413,217.620(14) \times 10^{-11}$
三圈圖貢獻	$30,141.902(1) \times 10^{-11}$
四圈圖貢獻	$380.807(25) \times 10^{-11}$
五圈圖貢獻	$4.48(14) \times 10^{-11}$

　　將上述結果合併起來，可以得到量子電動力學對 μ 子異常磁矩的總貢獻為 $116,584,718.10(21) \times 10^{-11}$，它約為 μ 子異常磁矩實驗值的 99.994%。

8.10 理論計算 —— 電弱統一理論

　　在標準模型的框架內，量子電動力學是所謂電弱交互作用（electroweak theory）的一部分。在電弱交互作用中，除光子外，還有透過 W 粒子、Z 粒子以及希格斯玻色子傳遞的交互作用，它們對 μ 子異常磁矩也有貢獻。在這裡，我們將電弱交互作用中除純粹的量子電動力學貢獻外的其他貢獻統稱為電弱交互作用的貢獻。從語義上講這是一個不無缺陷的叫法，不過很多文獻都這麼用，為簡潔起見，本文就不在這方面獨出心裁了。

　　理論物理學家們對電弱交互作用框架內輕子異常磁矩的計算始於 1970 年代初。但是 —— 如我們很快將會看到的 —— 由於電弱交互作用對 μ 子異常磁矩的貢獻相當微小，直到 2001 年，實驗上的精度才達到了能夠檢驗這一貢獻的程度。

　　好了，現在我們來看看電弱交互作用的貢獻。在單圈圖層

次上，電弱交互作用對 μ 子異常磁矩的貢獻體現在圖 8-5 中。

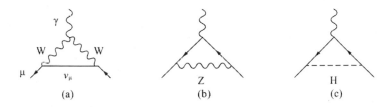

圖 8-5μ　子異常磁矩的電弱交互作用單圈圖

　　這裡我們採用的是么正規範（unitary gauge），這一規範的重要特點是可以消除電弱交互作用（以及更一般的楊 - 米爾斯理論）中的所謂「鬼粒子」（ghost）。

　　上述三幅單圈圖所描述的分別是與 W 粒子、Z 粒子以及希格斯坡色子有關的貢獻。這三幅圖的貢獻早在 1972 年就由 R. 賈基夫（R. Jackiw）、N. 卡比博（N. Cabibbo）、W. A. 巴丁（W. A. Bardeen）、藤川和男（K. Fujikawa）、李輝昭（B. W. Lee）等五組（共計十幾位）物理學家各自獨立地計算出了。細細品味的話，這是一件有點令人驚訝的事情。要知道，當時楊 - 米爾斯理論的可重整性才剛被荷蘭物理學家傑拉德·特·胡夫特（Gerard't Hooft）所證明，對確立電弱交互作用的地位至關重要的中性流、W 粒子、Z 粒子等均尚未被實驗所發現，物理學家們對電弱交互作用是否是描述弱交互作用的可靠理論尚存爭議。可以說，當時理論計算的可行性雖已開啟，但理論框架的可靠性尚未確立，就在那樣的情況下，居然有那麼多理論物理學家幾乎

一擁而上地在第一時間就計算出了上述單圈圖的結果，粒子物理領域的競爭之激烈可見一斑。事實上，如今回顧起來，當時粒子物理領域的很多研究都同時有多位物理學家，甚至多個研究小組在彼此獨立地進行，而且各自的完成時間也彼此相近 [27]。

與量子電動力學一樣，電弱交互作用的上述單圈圖貢獻也有解析結果。在實際計算中，我們還可放心地略去受 $(m_\mu/m_\mathrm{W})^2$、$(m_\mu/m_\mathrm{Z})^2$ 或 $(m_\mu/m_\mathrm{H})^2$ 抑制的項（m_μ、m_W、m_Z 及 m_H 分別為 μ 子、W 粒子、Z 粒子以及希格斯玻色子的質量），因為它們的貢獻都遠在實驗誤差以下。利用各粒子及耦合常數的現代資料，上述單圈圖貢獻的數值結果為

$$a_\mu^{(2)}(W) = 388.70(0)\times10^{-11}$$
$$a_\mu^{(2)}(Z) = -193.89(2)\times10^{-11}$$
$$a_\mu^{(2)}(H) \leqslant 5\times10^{-15}$$

這裡的上標 2 沿用了量子電動力學中「n 圈圖對應的冪次為 $2n$」這一圈圖標識。這一標識我們在後面介紹量子色動力學的貢獻時也將使用，雖然那上標已不再代表結果相對於電荷 e 的冪次（但依然能理解成相對於廣義的耦合常數的冪次）。上面與希格斯玻色子有關的結果（第三式）是在 $m_\mathrm{H}{\geq}114\mathrm{GeV}$ 的前提下得

27　學術領域中的這種激烈競爭延續到今天，可以說是有過之而無不及。別說是熱門領域，就連筆者當年在研究生階段與導師所做的相對冷門的工作，四項之中就有兩項與其他物理學家重疊。

到的，但這一點在當前的實驗精度下並不重要，因為這一項其實是一個受 $(m_\mu/m_H)^2$ 抑制的項，完全可以忽略。

與量子電動力學的貢獻相比，電弱交互作用的貢獻要小得多，計算卻複雜得多，可謂事倍功半。這一點在雙圈圖中體現得尤為明顯。由於電弱交互作用的頂點類型眾多，雙圈圖的數目也要多得多，總數高達 1678 幅，其中一些典型的雙圈圖貢獻如圖 8-6 所示。

這裡每一幅圖實際上都是很多不同圖的集合，其中費米子內線 f 可取的粒子類型遍及所有的輕子和夸克（即 ν_e, ν_μ, ν_τ, e, μ, τ, u, c, t, d, s, b）[28]，相應的與 f 同時出現在圖（d）和圖（e）中的 f' 所取的粒子類型則為與 f 構成弱交互作用雙重態的那另一種粒子（即 e, μ, τ, ν_e, ν_μ, ν_τ, d, s, b, u, c, t）。這還遠遠不是雙圈圖的全部。事實上，這只是包含費米子圈的所謂「費米子貢獻」（fermionic contribution）。在電弱交互作用的雙圈圖中，還有不包含費米子圈的圖，那些圖的貢獻被稱為「玻色子貢獻」（bosonic contribution），其大小與費米貢獻幾乎是半斤八兩。

電弱交互作用雙圈圖的一個引人注目的特點，是包含了來自夸克的貢獻。

---

28 不過在圖 8-6（d）中，f 所取的粒子類型將不會包括中微子（請讀者想一想這是為什麼）。

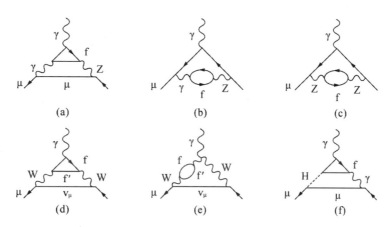

圖 8-6　μ子異常磁矩的電弱交互作用雙圈圖（費米子貢獻部分）

　　說到來自夸克的貢獻，有些讀者也許會問：上節所介紹的量子電動力學的雙圈圖為什麼沒有包含夸克的貢獻？夸克不是也帶電，從而也能參與電磁交互作用嗎？答案是：我們把那種貢獻算到後文將要介紹的量子色動力學貢獻中去了。愛追根究柢的讀者也許還會進一步問：同樣是夸克的貢獻，為什麼在考慮量子電動力學時不算在內，考慮電弱交互作用時卻算在內？這是純粹分類上的自由呢，還是別有原因？答案是：量子電動力學的貢獻不包括夸克可以算是純粹分類上的自由，但電弱交互作用的貢獻包含夸克有著更深層的原因。這原因就是：在電弱交互作用中不僅存在向量流（vector current），而且還存在軸向量流（axial-vector current），當兩個向量流頂點（通常記為 V）與一個軸向量流頂點（通常記為 A）組成一個 VVA 型的三角圖時，會出現所謂的量子反常（anomaly）效應。對這種效應的消

除需要同時考慮輕子與夸克的作用。

　　電弱交互作用雙圈圖的計算是相當複雜的。從粒子種類上講，既有輕子，也有夸克；從圈圖結構上講，既有費米貢獻，也有玻色貢獻；從效應類型上講，既有微擾效應，也有非微擾效應。其中與夸克有關的貢獻最為複雜，對於那樣的貢獻，圖8-6中的費米圈只能算是一種象徵性的表示。以圖8-6 (a) 為例，真正與夸克有關的計算可以用圖8-7來表示。

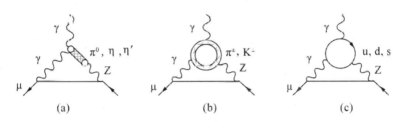

圖 8-7　與夸克有關的電弱交互作用雙圈圖

　　這其中前兩幅圖表示的是用有效場理論（effective field theory）對低能（即長程）效應的計算，這種計算包含了由束縛態（即圖中的各種介子）所表示的非微擾效應。第三幅圖表示的則是用夸克 - 部分子模型（quark-parton model）中對高能（即短程）效應的計算，這種計算包含的是微擾效應。

　　由於雙圈圖計算的複雜性，也由於雙圈圖貢獻的微小性，對雙圈圖的計算比單圈圖晚了將近 20 年，直到 1990 年代初，才由 E. A. 庫拉耶夫（E. A. Kuraev）等人給出了初步結果。但他

們的計算存在很大的缺陷，比如忽略了一些費米子三角圖的貢獻，那些三角圖在量子電動力學中是沒有貢獻的 —— 由於富利定理（Furry's theorem），在電弱交互作用中則不然（由於宇稱破缺）。另外他們也沒有考慮夸克的貢獻 —— 如前所述，這會使得量子反常效應無法得到消除。後來的研究者們糾正了那些缺陷，目前有關電弱交互作用雙圈圖貢獻的數值結果為：

$$a_\mu^{(4)}\left(\text{電弱統一理論}\right)=\left(-42.08\pm1.5\pm1.0\right)\times10^{-11}$$

其中第一項誤差主要來自希格斯玻色子質量的不確定性，第二項誤差則來自與夸克有關的計算。如果希格斯玻色子質量只有 100GeV（這基本上已被實驗所排除），上述雙圈圖的貢獻將取最大值，約為 -40.98×10^{-11}；如果希格斯玻色子質量高達 300GeV，上述雙圈圖的貢獻則取最小值，約為 -43.47×10^{-11}。但這兩者的差異比實驗誤差小了一個數量級，因此希格斯玻色子質量的不確定性不太可能用來消弭 μ 子異常磁矩之謎。

將電弱交互作用的雙圈圖效應與 8.6 節仲介紹過的「世界平均」實驗值的誤差（即 63×10^{-11}）相比，可看到它已略小於實驗誤差。但它與單圈圖效應相比卻並不顯得很小（約為單圈圖貢獻的五分之一），這使得理論物理學家們不敢輕易忽略更複雜的三圈圖效應。但幸運的是，對三圈圖效應的初步計算表明它比雙圈圖小得多，數值僅為：

$$a_\mu^{(6)}\left(\text{電弱統一理論}\right)=\left(0.4\pm0.2\right)\times10^{-11}$$

　　當然，這一計算是非常粗略的，所用的方法是重整化群方法，考慮的貢獻則是最低階的對數貢獻（leading logarithmic contribution）。但由於其結果比實驗誤差小了整整兩個數量級，相對於我們所考慮的實驗誤差來說幾乎鐵定可以被忽略。

　　將上述所有貢獻合在一起，我們得到電弱交互作用對 μ 子異常磁矩的總貢獻為 $154(2)(1)\times10^{-11}$。這其中第一項誤差來自與夸克有關的計算，第二項誤差主要來自希格斯玻色子質量的不確定性。電弱交互作用對 μ 子異常磁矩的貢獻只相當於「世界平均」實驗值誤差的 2.4 倍，是標準模型貢獻中最小的一類[29]。但這一貢獻雖然微小，一旦忽略的話，卻會使理論與實驗的誤差擴大到接近 6σ 左右，因此它的存在依然是很重要的。

8.11 理論計算 ── 量子色動力學

　　在前兩節中，我們介紹了電弱交互作用（含量子電動力學）對 μ 子異常磁矩的貢獻。在標準模型中，除電弱交互作用外還有一個很重要的部分，那就是量子色動力學（quantum chromodynamics, QCD），它是描述強交互作用的理論。雖然我們都知道，μ 子作為輕子並不直接參與強交互作用，但自然界的

29　不同文獻給出的電弱統一理論的總貢獻略有差異，我們這裡所取的是多數文獻所列的結果，它與上述單項結果之和的差異在計算誤差許可的範圍之內，比實驗誤差則小了兩個數量級，不會對討論產生任何影響。

交互作用是無法彼此隔離的，μ子雖不直接參與強交互作用，卻可以透過電弱交互作用間接參與，而這種間接參與對μ子的異常磁矩也有貢獻，而且這種貢獻——如我們將會看到——要比除量子電動力學外的電弱交互作用的其他貢獻大幾十倍，因而是不容忽視的。

在量子色動力學對μ子異常磁矩的貢獻中，最簡單的部分來自如圖 8-8 所示的由強相互粒子引起的真空極化效應。

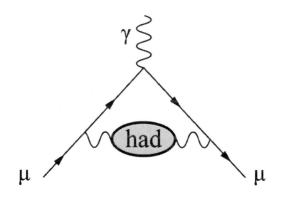

圖 8-8μ　子異常磁矩的量子色動力學真空極化圖

這種貢獻雖然相對來說已是最簡單的，卻仍比電弱交互作用的計算困難得多。之所以困難，是因為量子色動力學具有的所謂「紅外局限」（confinement）特性。由於這種特性的存在，在電弱統一理論中行之有效的微擾方法對量子色動力學來說只有在高能區，且遠離各種共振態時，才具有可以接受的精度。

在低能區或共振態附近則不再適用。

在圖 8-8 中，那個強交互作用「團塊」從原則上講，是表示由夸克和膠子組成的各種圈圖 [30]，但在低能區或共振態附近的實際計算中，實際表示的往往是來自各種強子的貢獻，因為從量子色動力學的角度講，強子是夸克、膠子體系的共振態 [31]。這其中尤以質量較輕的強子 —— 比如 π、K、η 等介子 —— 的貢獻最為重要。我們剛才說過，在低能區或共振態附近，微擾方法不再適用。事實上，在與 μ 子異常磁矩有關的低能量子色動力學計算中，不僅一般的微擾方法不再適用，就連在針對同類能區的其他計算 —— 比如有關強子質量的計算 —— 中大體有效的手徵微擾理論（chiral perturbation theory）及格點量子色動力學（lattice QCD）方法也無法達到所需要的精度。因此理論物理學家們在這類計算中面臨的是一個真正困難的局面。

不過，這並不是他們第一次面臨這樣的困難局面。在 20世紀中葉曾有一段時間，人們在描述強交互作用與弱交互作用時都遇到了巨大的困難，一度以為不僅微擾方法，甚至整個量子場論都不再適用。在那段艱難的時間裡，場論的進展陷於停頓，對一些非微擾方法的研究卻成為熱門。後來隨著量子場論的復甦，那些非微擾方法很快又冷落了下去。那雖然只是一段

30　確切地講，圖中「團塊」所表示的是「單粒子不可約」（one-particle irreducible, 1PI）圖，即不能透過去掉一條內線而分割為兩部分的圖。

31　細分的話，可以將穩定的強子稱為束縛態（bound state），不穩定的稱為共振態（resonance），為行文簡潔起見，本文將兩者統稱為共振態。

歷史小插曲，但既然那些非微擾方法是在普通量子場論方法遭遇困難時發展起來的，而如今我們在μ子異常磁矩的低能量子色動力學計算中遇到的困難局面與當年的不無相似，自然就有人重新想起了那些非微擾方法。那些非微擾方法有可能再次造成一定的幫助作用嗎？答案是肯定的。

在那些非微擾方法中有一種方法叫做色散關係（dispersion relation）。這名字聽起來很土，像是經典物理的東西，實際上也的確有很深的經典物理淵源。它最初是荷蘭物理學家亨德里克·克喇末（Hendrik Kramers）提出，用來描述光學介質的折射性質的。在經典物理中，色散關係的數學基礎是折射率作為頻率函數所具有的解析性，而這種解析性則是來源於一條非常基本的物理規律：光學介質中信號的傳播速度不能超過真空中的光速。1950年代，美國物理學家默里·蓋爾曼（Murray Gell-Mann）等人將色散關係運用到了被稱為S矩陣（S-matrix）的粒子物理散射振幅中，由此發展出了一種與經典色散關係完全平行的方法。在這種方法中，「信號的傳播速度不能超過真空中的光速」這一物理基礎被換成了作為量子場論基礎的微觀因果性（microscopic causality）[32]，而「折射率作為頻率函數所具有的解析性」這一數學基礎則被換成了散射振幅（Scattering amplitude）在動量空間中的解析性。

對於我們所考慮的μ子異常磁矩的計算來說，色散關係的

---

32 量子場論中的微觀因果性是指玻色（費米）場算符在類空間隔上彼此對易（反對易）。

作用是能將μ子異常磁矩中源自量子色動力學真空極化效應的貢獻表示為光子自能譜（photoelectron spectroscopy）函數的虛部（imaginary part）積分。

但問題是，光子自能譜函數的虛部本身也是一個很麻煩的東西，在所考慮的能區中同樣是無法進行微擾計算的。為了解決這個新的麻煩，理論物理學家們採用了另一種非微擾方法：光學定理（optical theorem）。這個甚至比色散關係還土的名字也是來自經典物理，而且也是克喇末提出的。與色散關係利用物理上很基本的微觀因果性相類似，光學定理利用的也是物理上很基本的性質，叫做么正性（unitarity），通俗地講就是機率的守恆性。

對於我們所考慮的μ子異常磁矩的計算來說，光學定理的作用是能將上面提到的光子自能譜函數的虛部與正負電子對湮滅成強子（即 $e^-e^+ \rightarrow$ 強子）的反應截面（reaction cross-section）聯繫起來。

因此，經過兩種非微擾方法的幫助，理論物理學家們將μ子異常磁矩中源自量子色動力學真空極化效應的貢獻與正負電子對湮滅成強子的反應截面聯繫起來了。但不幸的是，在所考慮的能區中，正負電子對湮滅成強子的反應截面同樣是無法進行微擾計算的。雖然很沒面子，但不得不承認，一涉及低能量子色動力學，理論物理學家們的處境就是這麼尷尬：μ子異常磁矩中源自量子色動力學真空極化效應的貢獻沒法計算；透

過色散關係將之轉嫁到光子自能譜函數的虛部上，還是沒法計算；透過光學定理將之進一步轉嫁到正負電子對湮滅成強子的反應截面上，仍然沒法計算，稱得上是一而再再而三地碰壁。當然，這也並不奇怪，因為像色散關係和光學定理那樣的非微擾方法當年之所以會很快被冷落，是有它的道理的。那些方法雖然物理基礎很堅實，數學推導也很嚴密，卻有一個致命的弱點，那就是結果太弱，無法告訴我們足夠多的細節。

　　不過，雖然始終沒法計算，那兩個步驟倒也不是白費力氣，因為正負電子對湮滅成強子的反應截面是一個可以用實驗測定的東西。既然如此，那我們就可以請實驗物理學家幫忙，利用實驗資料來彌補理論計算中無法進行到底的環節。

　　這正是理論物理學家們所做的。

　　當然，他們只在低能區或共振態附近才需要「出此下策」。具體地講，他們只在 0 ～ 5.2GeV 與 9.46 ～ 13GeV 這兩個能區中採用了實驗資料與上述非微擾方法相結合的手段。這其中 0 ～ 5.2GeV 包含了低能區及大量 u、d、s、c 夸克的共振態，9.46~13GeV 則包含了許多 b 夸克的共振態（稱為 Y 共振區）。在這兩個能區之外的區域裡理論物理學家們總算能「自食其力」（因為微擾方法基本能夠適用）。經過這種實驗與理論相配合的複雜努力，他們終於計算出了量子色動力學真空極化對 μ 子異常磁矩的最低階貢獻，結果是：

$$a_\mu^{(4)}\left(\text{量子色動力學真空極化}\right) = \left(6903.0 \pm 52.6\right) \times 10^{-11}$$

當然，這個結果只是許多類似結果中的一個。由於計算極其複雜，不同文獻得到的結果之間存在數量級約為幾十（以 10^{-11} 為單位）的偏差，是整個標準模型中 μ 子異常磁矩理論誤差的首要來源。需要提到的是，在所有偏差中最引人注目的一次是出現在一組利用 τ 子衰變資料所進行的計算中。我們剛才提到過，與 μ 子異常磁矩計算有關的光子自能譜函數的虛部可以透過光學定理，而與正負電子對湮滅成強子的反應截面聯繫起來。不過從理論上講，那並不是唯一的方法，在 τ 子質量以下的能區中，該譜函數的虛部也可以透過 u、d 兩種夸克間的同位旋對稱性（isospin symmetry），而與 τ 子衰變為強子（即 $\tau \to \nu_\tau +$ 強子）的反應截面聯繫起來，後者同樣是可以用實驗測定的東西。2003 年，人們曾用這類資料計算過 μ 子異常磁矩中源自量子色動力學真空極化效應的貢獻，結果比後來透過正負電子對湮滅資料得到的大得多。當然，一個顯而易見的誤差來源是 u、d 兩種夸克間的同位旋對稱性並非嚴格成立，但分析表明，即便將同位旋對稱性的破缺考慮在內，兩組結果的偏差依然很大，甚至比 μ 子異常磁矩的理論與實驗的總偏差還大。目前物理學家們的「主流民意」是認為，利用有關正負電子對湮滅成強子的反應截面的實驗資料所得到的結果無論在理論還是實驗上都更可靠，因此目前人們採用的是這類資料，但兩者間出現大幅偏差的原因迄今仍未被完全理解。

　　考慮到量子色動力學的貢獻相當大（比實驗誤差大兩個數量級），更高級修正顯然也是必須考慮的，比如圖 8-9（每一幅代表的也都是一大類圖）。

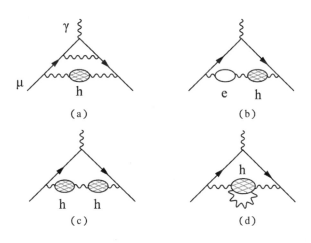

圖 8-9　μ 子異常磁矩的量子色動力學真空極化高階圖

　　圖 8-9 中的 (a)、(b) 所代表的兩大類圖其實就是對 8.9 節中的圖 8-3 中的任意一條光子內線添加強子圈圖的結果。其中圖 8-9 (a) 對應於圖 8-3 (a) 〜 (f)，圖 8-9 (b) 對應於圖 8-3 (g) 〜 (i)，其中對應於圖 8-3 (i) 的圈圖由於受到質量因子 $(m_\mu/m_\tau)^2$ 的抑制，貢獻小於當前的實驗及理論精度，因而可以忽略。研究表明，上述各類高階圖的總貢獻為：

$$a_\mu^{(6)}\left(\text{量子色動力學真空極化}\right)=\left(-100.3\pm1.1\right)\times10^{-11}$$

這當然還不是故事的全部，比方說，我們在前面多次提到過的所謂的「光子 - 光子」散射就並未包括在上述各圖之中。這種散射可以用圖 8-10 來表示（已經省略了光子動量間的各種置換）。

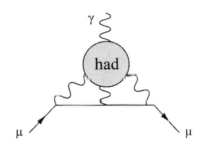

圖 8-10　μ 子異常磁矩的量子色動力學「光子 - 光子」散射圖

研究表明，這類圖的貢獻主要來自一些輕質量的強子——比如 π、ρ、η、η' 等介子。這類圖的計算是極其困難的，如我們在 8.6 節中所說，人們在這類圖的計算中曾出現過錯誤，該錯誤在 2002 年被克內克特等人所糾正。但那還不是唯一的錯誤，2004 年，夏威夷大學的 K. 梅利尼科夫（K. Melnikov）等人在以往的計算中又發現並糾正了其他錯誤。經過不只一批研究者的努力，最近幾年人們已經用幾種不同的方法計算出了彼此相近——從而比較可信——的結果，其中一個典型結果是

$$a_\mu^{(6)}\left(\text{量子色動力學「光子—光子」}\right)=(116\pm39)\times10^{-11}$$

雖然付出了艱辛努力，上述結果的相對誤差仍比前面幾類

計算都大得多，甚至絕對誤差也很大，是整個標準模型中 μ 子異常磁矩理論誤差的第二大來源。有關「光子 - 光子」散射的理論計算直到最近仍不斷有人在做，這類計算的複雜性還體現在迄今所有的計算都需要利用介子的一些唯象性質，從而無法做到與模型無關。

　　將上述幾類貢獻合併在一起，我們得到量子色動力學對 μ 子異常磁矩的總貢獻為 $6919(64) \times 10^{-11}$。

8.12 並非尾聲的尾聲

　　至此我們終於完成了對標準模型框架內 μ 子異常磁矩計算的介紹。將 8.9 節的量子電動力學、8.10 節的電弱統一理論及 8.11 節的量子色動力學貢獻合併起來，便可得到標準模型對 μ 子異常磁矩的總貢獻。在這裡，我們將這一總貢獻與 8.6 節引述的最佳實驗值並排列出，作為截至本文寫作之時（2009 年 12 月）為止理論與實驗的對比 [33]：

> μ 子異常磁矩的最佳理論值為 $116591790(65) \times 10^{-11}$
> μ 子異常磁矩的最佳實驗值為 $116592080(63) \times 10^{-11}$

　　上述理論值與實驗值的聯合誤差為 90×10^{-11}，偏差卻達到了 290×10^{-11}，約為聯合誤差的 3.2 倍（即 3.2σ）。我們在 8.6 節末尾曾經說過，這種偏差出自偶然的機率只有 0.14%，這就是

33　不同文獻給出的最佳理論值略有出入，但與實驗值的偏差大都在 3σ 以上。

所謂的 μ 子異常磁矩之謎。很顯然，如果我們不想把希望寄託 0.14% 那樣的小機率上，留給我們的可能性就只有三種（彼此不一定互相排斥）：

1. 理論計算存在錯誤；
2. 實驗測量存在錯誤；
3. 標準模型存在侷限。

這幾種可能性都有人在探討，其中最令人感興趣的無疑是第三種可能性[34]。

參考文獻

[1] BROWN H N, BUNCE G, CAREY R M, et al. Precise Measurement of the Positive Muon Anomalous Magnetic Moment[J]. Phys. Rev. Lett, 2001, 86： 2227-2231.

[2] CZARNECKI A, KRAUSE B. Electroweak corrections to the muon anomalous magnetic moment[J]. Phys. Rev. Lett, 1996, 76： 3267-3270.

[3] GARWIN R L, LEDERMAN L M, WEINRICH M. Observations of the Failure of Conservation of Parity and Charge Conjugation in Meson Decays： The Magnetic Moment of the Free Muon[J]. Phys. Rev, 1957, 105： 1415-1417.

[4] JACKSON J D. Classical Electrodynamics[M]. 3rd ed. New York：

---

34 原本打算再寫幾節，對跟「第三種可能性」有關的種種提議或模型進行介紹，但考慮到那些提議或模型大都涉及超對稱（supersymmetry），而超對稱在大型強子對撞機（large hadron collider, LHC）運行數年後的今天仍未獲得實驗支持，我決定讓這個系列結束在這裡，耐心等待塵埃落定的那一天。若那一天到來，我或許會撰寫一個新的系列（或單篇，取決於內容多寡）予以介紹。[2013-07-09 補註]

John Wiley & Sons, Inc. ，1999.

[5]　JEGERLEHNER F. Essentials of the Muon g-2, Acta[J]. Phys. Polon. 2007, B38： 3021.

[6]　JEGERLEHNER F, NYFFELER A. The Muon g-2[J]. Physics Reports, 2009, 477(1-3)： 1-110.

[7]　KNECHT M, NYFFELER A. Hadronic Light-by-Light Corrections to the Muon g-2： The pion-pole Contribution[J]. Phys. Rev, 2002, D65： 073034.

[8]　MELNIKOV K, VAINSHTEIN A. Theory of the Muon Anomalous Magnetic Moment[M].Berlin： Springer, 2006.

[9]　MILLER J P, RAFAEL E D, ROBERTS B L, et al, Muon (g-2)： Experiment and Theory[J].Rep. Prog. Phys, 2007(70)： 795-881.

[10]　WEINBERG S. The Quantum Theory of Fields I[M]. Cambridge： Cambridge University Press, 1994.

09

追尋引力的量子理論 [35]

9.1 量子時代的流浪兒

　　20 世紀理論物理學家說得最多的話之一也許就是：「廣義相對論和量子理論是現代物理學的兩大支柱。」兩大支柱對於建一間屋子來說可能還太少，對物理學卻已嫌多。20 世紀物理學家的一個很大的夢想，就是把這兩大支柱合而為一。

　　如今 20 世紀已經走完，回過頭來重新審視這兩大支柱，我們看到，在量子理論這根支柱上已經建起了十分宏偉的殿堂，物理學的絕大多數分支都在這座殿堂裡搭起了自己的舞台。物理學中已知的四種基本交互作用有三種在這座殿堂裡得到了一定程度的描述。可以說，物理學的萬里河山量子理論已經十有其九，今天的物理學正處在一個不折不扣的量子時代。而這個輝煌量子時代的最大缺憾，就在於物理學的另一根支柱 —— 廣義相對論 —— 還孤零零地游離在量子理論的殿堂之外。

35　本文完成於 2003 年，此後雖有過文字修訂，但基本內容維持了原貌。對量子引力感興趣的讀者請參閱最近文獻，以彌補本文作為舊作所不可避免的侷限。

廣義相對論成了量子時代的流浪兒。

9.2 引力為什麼要量子化？

廣義相對論和量子理論在各自的領域內都經受了無數的實驗檢驗。迄今為止，還沒有任何確切的實驗觀測與這兩者之一有出入 [36]。有段時間人們甚至認為，生在這麼一個理論超前於實驗的時代對於理論物理學家來說是一種不幸。愛因斯坦曾經很懷念牛頓的時代，因為那是物理學的幸福童年時代，充滿了生機；愛因斯坦之後也有一些理論物理學家懷念愛因斯坦的時代，因為那是物理學的偉大變革時代，充滿了挑戰。

今天的理論物理學依然富有挑戰，但與牛頓和愛因斯坦時代理論與實驗的「親密接觸」相比，今天理論物理的挑戰和發展更多地是來自理論自身的要求，來自物理學追求統一、追求完美的不懈努力。

量子引力理論就是一個很好的例子。

雖然量子引力理論的主要進展大都是最近十幾年取得的，但引力量子化的想法早在 1930 年就已經由比利時物理學家萊昂·羅森菲爾德（Léon Rosenfeld）提出了。從某種意義上講，在今天的大多數研究中，**量子理論與其說是一種具體理論，不如**

36　這一點需略作修訂：起碼在目前看來，「μ 子異常磁矩之謎」（參閱已收錄於本書的介紹）可算是實驗觀測與「量子理論」之間雖然細微，但近乎確鑿的出入。
　　[2018-01-01 補註]

說是一種理論框架，一種對具體理論──比如描述某種交互作用的場論──進行量子化的理論框架。廣義相對論作為一種描述引力交互作用（gravitational interaction）的理論，在量子理論發展的早期，是除電磁場理論之外唯一的基本交互作用（fundamental interaction）理論。將它納入量子理論的框架，也因此成為繼量子電動力學之後的一種很自然的想法。

但是引力量子化的道路卻遠比電磁場量子化來得艱辛。在經歷了幾代物理學家的努力，卻未獲實質進展之後，人們有理由重新審視追尋量子引力的理由。

廣義相對論是一個很特殊的交互作用理論，它把引力歸結為時空本身的幾何性質。從某種意義上講，廣義相對論所描述的是一種「沒有引力的引力」。既然「沒有引力」，是否還有必要進行量子化呢？描述這個世界的物理理論，是否有可能只是一個以廣義相對論時空為背景的量子理論呢[37]？或者說，廣義相對論與量子理論是否有可能真的是兩根獨立支柱，同時作為物理學的基礎理論呢？

這些問題之所以被提出，除了量子引力理論本身遭遇的困難外，沒有任何量子引力存在的實驗證據也是一個重要原因。但種種跡象表明，即便撇開由兩個獨立理論所帶來的美學上的缺陷，把廣義相對論與量子理論的簡單合併作為自然圖景的完

37　這種以廣義相對論時空為背景的量子理論常常被稱為半經典（semi-classical）理論，以區別於完全意義下的量子引力理論。在這種半經典理論中，物質場的量子平均作為「源」進入引力場方程中，非量子化的度規場則進入量子理論中。

整描述，仍存在許多難以克服的困難。

問題首先就在於廣義相對論與量子理論並不完全相容。我們知道，一個量子系統的波函數 Ψ 由該系統的薛丁格方程式（Schrödinger's equation）：

$$H\Psi = i\hbar \frac{\partial \Psi}{\partial t}$$

所決定。方程式左邊的 H 被稱為系統的哈密頓量（Hamiltonian），它是一個算符，包含了對系統有影響的各種外場的作用。這個方程式對於波函數 Ψ 是線性的，也就是說如果 Ψ_1 和 Ψ_2 是方程式的解，那麼它們的任何線性組合也同樣是方程式的解。這被稱為態疊加原理（superposition principle），在量子理論的現代表述中以公理的面目出現，是量子理論最基本的原理之一。可是一旦引進體系內 —— 本身也會受到體系影響，而不僅僅是外場（external field）—— 的非量子化的引力交互作用，情況就不同了。因為由波函數所描述的系統本身就是引力交互作用的源，而引力交互作用又會反過來影響波函數，這就在系統的演化中引進了非線性耦合（nonlinear coupling），從而破壞了量子理論的態疊加原理。不僅如此，進一步的分析還表明，量子理論和廣義相對論耦合體系的解有可能是不穩定的。

其次，廣義相對論與量子理論在各自「適用」的領域中也都面臨著一些尖銳問題。比如廣義相對論所描述的時空在很多情況下 —— 比如在黑洞的中心或宇宙的初始 —— 存在所謂的「奇

點」（singularity）。在這些奇點上，時空曲率和物質密度往往趨於無窮大。這些無窮大的出現，是理論被推廣到適用範圍之外的強烈徵兆。無獨有偶，量子理論同樣被無窮大所困擾，雖然仰仗所謂重整化方法的使用而暫時偏安一隅。但從理論結構的角度看，這些無窮大的出現，預示著今天的量子理論很可能只是某種更基礎的理論在低能區的「有效理論」（effective theory）。因此廣義相對論和量子理論雖然都很成功，卻都不太可能是物理理論的終結，尋求一個包含廣義相對論和量子理論基本特點的更普遍的理論，是一種合乎邏輯和經驗的努力。

9.3 黑洞熵的啟示

迄今為止，對量子引力理論最具體、最直接的「理論證據」來自於對黑洞熱力學的研究。1972 年，美國普林斯頓大學的研究生雅各布·貝肯斯坦（Jacob Bekenstein）受黑洞動力學與經典熱力學之間的相似性啟發，提出了黑洞熵（blackhole entropy）的概念，並估算出黑洞熵正比於黑洞視界（event horizon）的面積。稍後，英國物理學家史蒂芬·霍金（Stephen Hawking）研究了黑洞視界附近的量子過程，結果發現了著名的霍金輻射（Hawking radiation），即黑洞會向外輻射粒子 —— 也稱為黑洞蒸發（black hole evaporation），從而表明黑洞是有溫度的。由此出發，霍金也推導出了貝肯斯坦的黑洞熵公式，並確定了比例係數，這就是所謂的貝肯斯坦 - 霍金公式（Bekenstein-Hawking formula）：

$$S = \frac{kA}{4L_p^2}$$

式中，k 為波茲曼常數（Boltzmann constant），它是熵的微觀單位；A 為黑洞視界面積；L_p 為普朗克長度（Planck length），它是由廣義相對論與量子理論的基本常數組合而成的一個自然長度單位（數值約為 10^{-35} 公尺）。

　　霍金對黑洞輻射的研究所採用的正是上文提到過的，以廣義相對論時空為背景的量子理論，或所謂的半經典理論。但黑洞熵的出現卻預示著對這一理論框架的突破。我們知道，從統計物理學的角度講，熵是體系微觀狀態數的體現。因而黑洞熵的出現表明黑洞並不像此前人們認為的那樣簡單，它含有數量十分驚人的微觀狀態，這在廣義相對論的框架內是完全無法理解的。因為廣義相對論有一個著名的黑洞「無毛定理」（no-hair theorem），它表明穩定黑洞的內部性質被其質量、電荷及角動量三個宏觀參數所完全確定（即便考慮到由楊 - 米爾斯場等帶來的額外參數，數量也十分有限），根本就不存在所謂的微觀狀態。這表明，黑洞熵的微觀起源必須從別的理論中去尋找。這「別的理論」必須兼有廣義相對論和量子理論的特點（因為黑洞是廣義相對論的產物，黑洞熵的推導則用到了量子理論）。量子引力理論顯然正是這樣的理論。

　　在遠離實驗檢驗的情況下，黑洞熵已成為量子引力理論研究中一個很重要的理論判據。一個量子引力理論要想被接受，首先要跨越的一個重要「勢壘」，就是推導出與貝肯斯坦 - 霍金公式相一致的微觀狀態數。

9.4 引力量子化的早期嘗試

　　引力的量子化幾乎可以說是量子化方法的練兵場，在

早期的嘗試中，人們幾乎用遍了所有已知的場量子化方法。最主要的方案有兩大類：一類叫做協變量子化（covariant quantization），另一類叫做正則量子化（canonical quantization），它們共同發源於 1967 年美國物理學家布萊斯・德威特（Bryce DeWitt）的題為《引力的量子理論》（*Quantum Theory of Gravity*）的系列論文。

協變量子化方法 —— 也稱為協變量子引力 —— 的特點是試圖保持廣義相對論的協變性。具體的做法是將度規張量（Metric tensor）$g_{\mu\nu}$ 分解為背景部分（background）$g_{\mu\nu}$ 與漲落部分（fluctuation）$h_{\mu\nu}$：

$$g_{\mu\nu} = \overline{g}_{\mu\nu} + h_{\mu\nu}$$

不同文獻對背景部分的選擇不盡相同，有的取閔考斯基度規（Minkowski metric）$\eta_{\mu\nu}$，有的取量子有效作用量（quantum effective action）的解。這種方法與廣義相對論領域裡傳統的弱場展開方法一脈相承，基本思路是將引力交互作用理解為某個背景時空中引力子（graviton）的交互作用。在低階近似（Low Rank Approximation）下，協變量子引力可以很自然地包含自旋為 2 的無質量粒子，即引力子。

由於協變量子引力計算所採用的主要是微擾方法，隨著 1970 年代一些涉及量子場論重整化性質的重要定理被相繼證明，人們對這一方向開始有了較系統的瞭解。只可惜這些結果

基本上都是負面的。1974 年，荷蘭物理學家傑拉德・特・胡夫特 (Gerard't Hooft) 和馬丁紐斯・韋爾特曼 (Martinus Veltman) 首先證明了，在沒有物質場的情況下量子引力在單圈圖 (1-loop) 層次上是可重整的，但只要加上一個標量物質場 (Scalar Field)，理論就會變得不可重整。12 年後，另兩位物理學家 —— M. H. 戈羅夫 (M. H. Goroff) 和 A. 薩諾第 (A. Sagnotti) —— 證明了量子引力在兩圈圖 (2-loop) 層次上是不可重整的。這一結果基本終結了早期協變量子引力的生命。又過了 12 年，Z. 伯恩 (Z. Bern) 等人往這一已經冷落的方向又潑了一桶涼水，他們證明了 —— 除 $N=8$ 的極端情形尚待確定外 —— 量子超引力 (supergravity) 也是不可重整的，從而連超對稱 (supersymmetry) 這根最後的救命稻草也被剷除了 [38]。

　　與協變量子化方法不同，正則量子化方法 —— 也稱為正則量子引力 —— 在一開始就引進了時間軸，把四維時空流形分割為三維空間和一維時間（這被稱為 ADM 分解），從而破壞了明顯的廣義協變性 (general covariance) [39]。時間軸一旦選定，就可

38　當然，在量子引力這樣一個複雜而微妙的領域中，想要完全否證一種方法，常常就像想要完全證實一種方法一樣不可能。雖然對度規場進行微擾處理的引力量子化早期方案已不再流行，但還是不斷有人在嘗試挽救此類方案。比如有人在引力作用量中引進帶曲率 (Curvature) 高階幂次的項，試圖降低理論的發散程度，可惜那樣的理論要嘛仍是不可重整的，要嘛會破壞么正性 (unitarity)。目前這方面的努力大都已匯合在了超弦理論的微擾展開中。

39　從理論上講，在量子化過程中破壞廣義協變性並不意味著在實質意義上破壞廣義協變原理。只要最終的計算結果與所選擇的時間軸無關，這種破壞就只是表觀的。但不幸的是，在正則量子引力中，選擇不同的時間軸會導致不等價的理論。

以定義系統的哈密頓量，並運用有約束場論中普遍使用的狄拉克正則量子化方法（Dirac's canonical quantization programme）。正則量子引力的一個很重要的結果，是所謂的惠勒 - 德威特方程（Wheeler-DeWitt equation），它是對量子引力波函數的約束條件。由於量子引力波函數描述的是三維空間度規場的分布，也就是空間幾何的分布，因此有時被稱為宇宙波函數。惠勒 - 德威特方程也因而被一些物理學家視為量子宇宙學的基本方程。

與協變量子化方法一樣，早期的正則量子化方法也遇到了大量的困難。這些困難既有數學上的，比如惠勒 - 德威特方程別說求解，連給出一個數學上比較嚴格的定義都很困難；也有物理上的，比如無法找到合適的可觀測量和物理態[40]。

引力量子化的這些早期嘗試所遭遇的困難，特別是不同的量子化方法給出的結果大相逕庭這一現象，是具有一定啟示性的。這些問題的存在反映了一個很基本的事實，那就是許多不同的量子理論可以具有同樣的經典極限，因此對一個經典理論量子化的結果是不唯一的。或者說，原則上就不存在對應於某個特定經典理論的所謂唯一「正確」的量子理論。其實不僅量子理論，經典理論本身也一樣，比如經典牛頓引力就有許多推廣，以牛頓引力為共同的弱場極限，廣義相對論只是其中之

40　從概念上講，構造正則量子引力的可觀測量和物理態的一個主要困難，在於這兩個概念都是規範不變的，但對廣義相對論來說，連時間演化都是規範變換 —— 廣義坐標變換 —— 的一部分，因此規範不變意味著連時間演化都不能存在。這在量子引力理論中被稱為「時間問題」（the problem of time）。

一。在一個本質上是量子化的物理世界中，理想的做法也許應該是從量子理論出發，在量子效應可以忽略的情形下對理論作「經典化」，而不是相反。從這個意義上講，量子引力所遇到的困難，其中一部分也許正是來源於我們不得不從經典理論出發，對其進行「量子化」這樣一個無奈的事實。

9.5 迴圈量子重力

早期量子引力方案的共同特點，是繼承了經典廣義相對論本身的表述方式，以度規場作為基本場量。1986 年以來，印度物理學家阿沛‧阿希提卡（Abhay Ashtekar）等人借鑑了幾年前另一位印度物理學家阿壽克‧森（Ashoke Sen）的研究工作，在正則量子化方案中引進了一種全新的表述方式，以自對偶自旋聯絡（self-dual spin connection）作為基本場量（這組場量通常被稱為阿希提卡變量）。他們的這一做法為正則量子引力研究開創了一番新天地。同年，美國物理學家西奧多‧雅各布森（Theodore Jacobson）和李‧斯莫林（Lee Smolin）發現阿希提卡變量的一種被稱為「威爾森迴圈」（Wilson loop）的環路積分（closed curve line integral）滿足惠勒 - 德威特方程。在此基礎上，斯莫林與義大利物理學家卡洛‧羅威利（Carlo Rovelli）提出把這種「威爾森迴圈」作為量子引力的基本態，從而形成了現代量子引力理論的一個重要方案：迴圈量子重力（loop quantum gravity）。

迴圈量子重力完全避免了使用度規場，從而也不再引進

所謂的背景度規，因此被稱為是一種背景獨立（background independent）的量子引力理論。一些支持迴圈量子重力的物理學家認為，迴圈量子重力的這種背景無關性是符合量子引力的物理本質的，因為廣義相對論的一個最基本的結論，就是時空度規本身由動力學規律所決定，因而量子引力理論應該是關於時空度規本身的量子理論。在這樣的理論中，經典的背景度規不應該有獨立的存在，而只能作為量子場的期待值出現。

迴圈量子重力所採用的新的基本場量並非只是一種巧妙的變量代換。從幾何上講，楊-米爾斯場的規範勢（gauge potential）本身就是纖維叢（fiber bundle 或 fibre bundle）上的聯絡場，因此以聯絡作為引力理論的基本變量，體現了將引力場視為規範場的物理思想。不僅如此，自旋聯絡對於研究引力與物質場——尤其是旋量場（spinor field）——的耦合幾乎是必不可少的框架。因此以聯絡作為引力理論的基本變量，也為進一步研究這種耦合提供了舞台。羅威利和斯莫林等人發現，在迴圈量子重力中由廣義協變性——也稱為微分同胚協變性（diffeomophism invariance）——所導致的約束條件與數學上的「紐結理論」（knot theory）有著密切關聯，從而使得約束條件的求解得到了強有力的數學工具支持。迴圈量子重力與紐結理論之間的這種聯繫看似神祕，在概念上其實不難理解，因為微分同胚協變性的存在，使得「威爾森迴圈」中帶實質意義的訊息具有拓撲不變性，而紐結理論正是研究與圈有關的拓撲不變性的數學理論。

經過十幾年的發展，迴圈量子重力已經構築了一個數學上比較嚴格的框架。除背景無關性之外，迴圈量子重力與其他量子引力理論相比還有一個重要優勢，那就是它的理論框架是非微擾的。迄今為止，在迴圈量子重力領域中取得的重要理論結果有兩個：一個是在普朗克尺度上的空間量子化，另一個則是對黑洞熵的計算。

空間量子化曾經是許多物理學家的猜測，這不僅是因為量子化這一概念本身的廣泛應用開啟了人們的想像，而且也是因為一個連續的背景時空看來是量子場論中紫外發散的根源。1971 年，英國數學物理學家羅傑・潘洛斯（Roger Penrose）首先提出了一個具體的離散空間模型（discrete space model），其代數形式與自旋所滿足的代數關係相似，被稱為自旋網路（spin network）。1994 年，羅威利和斯莫林研究了迴圈量子重力中面積與體積算符的本徵值[41]，結果發現這些本徵值都是離散的，它們所對應的本徵態與潘洛斯的自旋網路存在密切的對應關係。以面積算符為例，其本徵值為

$$A = L_p^2 \sum_l \sqrt{J_l \left(J_l + 1 \right)}$$

式中 L_p 為普朗克長度，J_l 取半整數，是自旋網路上編號為 l 的邊所攜帶的量子數，求和 $\sum_l$ 對所有穿過該面積的邊進行。

---

41 細心的讀者可能會問：為什麼不考慮長度算符？從技術上講，這是由於迴圈量子重力的基本場量選擇使得面積和體積算符遠比長度算符容易處理。至於這種難易倒置的現象是否有深層的物理起源，目前尚不清楚。

這是迄今為止有關普朗克尺度物理學的最具體的理論結果，如果被證實的話，或許也將成為物理學上最優美而意義深遠的結果之一。迴圈量子重力因此也被稱為量子幾何（quantum geometry）。對迴圈量子重力與物質場——比如楊-米爾斯場——耦合體系的研究顯示，具有空間量子化特性的迴圈量子重力確實極有可能消除普通場論的紫外發散（ultraviolet divergence）。

　　至於黑洞熵的計算，迴圈量子重力的基本思路，是認為黑洞熵所對應的微觀態，乃是由能夠給出同一黑洞視界面積的各種不同的自旋網路位形組成的[42]。沿這一思路所做的計算最早是由羅威利和基里爾·克拉斯諾夫（Kirill Krasnov）各自完成的，其結果除去一個被稱為伊米爾齊參數（Immirzi parameter）的常數因子外，與貝肯斯坦-霍金公式完全一致[43]。因此迴圈量子重力與貝肯斯坦-霍金公式是相容的。至於它為什麼無法給出公式中的常數因子，以及這一不確定性究竟意味著什麼，目前仍在討論之中。

42　更具體地說，按照上文提到的面積算符的本徵值公式，對於每一個自旋網路，黑洞的視界面積由穿過視界的邊所決定，對於一個給定的視界面積，能夠給出這一面積的所有自旋網路的位形——也就是所有邊的組合，就構成了迴圈量子重力對黑洞熵統計解釋的基礎。

43　細緻的分析表明，伊米爾齊參數也出現在面積算符的本徵值公式中，這是目前迴圈量子重力所無法確定的參數，類似於量子色動力學中的 θ 參數。

9.6 超弦理論

　　量子引力的另一種極為流行 —— 也可以說是最流行 —— 的方案是超弦理論（superstring theory）。與迴圈量子重力相比，超弦理論是一個更雄心勃勃的理論，它的目標是統一自然界所有的交互作用，量子引力只不過是其中一個部分。超弦理論被許多人稱為終極理論（theory of everything, TOE），這一稱謂很恰當地反映了熱衷於超弦理論的物理學家們對它的厚望。

　　超弦理論的前身，是 1960 年代末 70 年代初的一種強交互作用唯象理論（phenomenology）。與今天超弦理論所具有的宏偉的理論目標及精深而優美的數學框架相比，它在物理學上的這種登場可算是相當低調。最初的弦理論作為強交互作用的唯象理論，很快就隨著量子色動力學（QCD）的興起而沒落了。但 1974 年，法國物理學家喬爾·謝克（Joel Scherk）和美國物理學家約翰·施瓦茨（John Schwarz）發現，弦理論的激發態（Excited State）中存在自旋為 2 的無質量粒子。由於早在 1930 年代，奧地利物理學家沃爾夫岡·包立（Wolfgang Pauli）及助手馬庫斯·菲爾茨（Markus Fierz）就已發現自旋為 2 的無質量粒子是量子化線性廣義相對論的基本激發態。因此謝爾克和施瓦茨的結果立即改變了人們對弦理論的思考角度。這一改變，外加超對稱的引進，使弦理論走上了試圖統一自然界所有交互作用的漫漫征途，並被稱為超弦理論。

　　10 年之後，還是施瓦茨 —— 與英國物理學家麥可·格

林（Michael Green）等人一起 —— 研究了超弦理論的反常消除（anomaly cancellation）問題，並由此發現了自洽的超弦理論只存在於十維時空中，並且只有五種形式，即Ⅰ型（TypeⅠ）、ⅡA型（TypeⅡA）、ⅡB型（TypeⅡB）、O型雜弦（SO(32) Heterotic）及E型雜弦（$E_8 \times E_8$ Heterotic）。這就是著名的「第一次超弦革命」（first superstring revolution）。又過了10年，隨著各種對偶性及非微擾結果的發現，在微擾論的泥沼中踽踽而行的超弦理論迎來了所謂的「第二次超弦革命」（second superstring revolution），其迅猛發展的勢頭延續了很多年。

從量子引力的角度來看，迴圈量子重力是正則量子化方案的發展，超弦理論則在某種意義上可被視為是協變量子化方案的發展。這是由於當年受困於不可重整性時，人們曾對協變量子化方法做過許多推廣，比如引進超對稱，引進高階微商項，等等。那些推廣後來都殊途同歸地出現在了超弦理論的微擾表述中。因此儘管超弦理論本身的起源與量子引力中的協變量子化方案無關，它的形式體系在量子引力領域中可被視為是協變量子化方案的某種發展。

超弦理論的發展及內容不是本文的主題，而且已有許多專著和講義可供參考，本文就不贅述了。在這些年超弦理論所取得的理論進展中，這裡只介紹與量子引力最直接相關的一個，那就是利用所謂的「D-膜」（D-brane）對黑洞熵的計算。這是由美國物理學家安德魯‧施特羅明格（Andrew Strominger）和

伊朗裔美國物理學家卡姆朗·瓦法（Cumrun Vafa）等人在 1996 年完成的，與迴圈量子重力對黑洞熵的計算恰好是同一年。超弦理論對黑洞熵的計算利用了所謂的強弱對偶性（strong-weak duality），即在有一定超對稱的情形下，超弦理論的某些「D-膜」狀態數在耦合常數的強弱對偶變換下保持不變的性質。利用強弱對偶性，處於強耦合下，原本難以計算的黑洞熵可以在弱耦合極限下進行計算。在弱耦合極限下，與原先黑洞的宏觀性質相一致的對應狀態被證明是由許多弱耦合極限下的「D-膜」構成。對那些「D-膜」狀態進行統計所得到的熵，與貝肯斯坦-霍金公式完全一致，甚至連迴圈量子重力無法得到的常數因子也完全一致。這是超弦理論最具體的理論驗證之一。美中不足的是，由於上述計算要求一定的超對稱性，因而只適用於所謂的極值黑洞（extremal blackhole）或接近極值條件的黑洞[44]。對於非極值黑洞，超弦理論雖然可以得到貝肯斯坦-霍金公式完全一致的比例關係，但與迴圈量子重力一樣，有一個常數因子的不確定性。

9.7 結語

　　以上是對過去幾十年來量子引力理論的發展及近年所取得的若干主要進展的一個速寫。除迴圈量子重力與超弦理論外，

44　所謂極端黑洞，指的是黑洞的某些物理參數 —— 比如電荷 —— 達到理論所允許的最大可能值。在超弦理論中，那樣的黑洞可以使理論的超對稱得到部分的保留。

量子引力還有一些其他候選理論，限於篇幅就不作介紹了。雖然如我們前面所見，這些理論各自都取得了一些重要進展，但距離構建一個完整量子引力理論的目標仍很遙遠。

比如迴圈量子重力的成果主要侷限於理論的運動學方面，在動力學方面卻一直舉步維艱。直至如今，人們還不清楚迴圈量子重力是否以廣義相對論為弱場極限，或者說迴圈量子重力對時空的描述在大尺度上能否過渡為我們熟悉的廣義相對論時空。按照定義，一個量子理論只有以廣義相對論（或其他經典引力理論）為經典極限，才能被稱為量子引力理論。從這個意義上講，我們不僅不知道迴圈量子重力是否是一個「正確的」量子引力理論，甚至於連它是不是一個量子引力理論都還不清楚 [45]。

超弦理論的情況又如何呢？在弱場下，超弦理論包含廣義相對論，因而它起碼可以算是量子引力理論的候選者。超弦理論的微擾展開逐級有限，雖然級數本身不收斂，比起傳統的量子理論來還是強了許多，算是大體上解決了傳統量子場論的發散困難。在廣義相對論方面，超弦理論可以消除部分奇點問題

---

45 自本文完成之後，我未再持續關注迴圈量子重力，不過曾在回覆網友時寫過幾句一般性的評論，現收錄於此作為補註。我對迴圈量子重力的個人看法是：我不認為它是民科理論，它若被淘汰，我願將之視為與經典統一場論相類似的被淘汰理論。對這一理論來說，它最需要推進的方向或許是動力學，而最可憂慮的前景或許是一個對小眾理論來說比較容易發生的情形，那就是：某些支持者因長時間無法進入主流而趨於偏執，那將比沒有進展更壞。因為在那種情況下，支持者的行為有可能變得接近民科，並且有可能使原本能以不失尊嚴的方式「安樂死」（或「蟄伏」）的理論持續活躍，同時卻越來越被主流學術界所輕視。[2011-02-12 補註]

（但迄今尚無法解決最著名的黑洞和宇宙學奇點問題）。不僅如此，超弦理論在非微擾方面也取得了許多重要進展，而且超弦理論具有非常出色的數學框架。筆者當學生時曾聽過美國物理學家布萊恩‧格林（Brian Greene，不是那位超弦理論創始人之一的麥可‧格林（Michael Green））的報告，其中有一句話印象至深。格林說：「在超弦領域中，所有看上去正確的東西都是正確的。」雖屬半開玩笑，但這句話很傳神道地出了超弦理論的美與理論物理學家（及數學家）的直覺高度一致這一特點。對於從事理論研究的人來說，這是一種令人心曠神怡的境界。但從超弦理論精美的數學框架下降到能夠與實驗相接觸的能區，就像航太飛機的重返大氣層，充滿了挑戰。

　　超弦理論之所以被一些物理學家視為終極理論，除了它的理論框架足以包含迄今所有的交互作用外，常被提到的另一個重要特點，是超弦理論的作用量只有一個自由參數。但另一方面，超弦理論引進了兩個非常重要，卻迄今尚未得到實驗支持的重要假設，那就是十維時空與超對稱。為了與觀測到的物理世界相一致，超弦理論把十維時空分解為四維時空與一個六維緊致空間的直積，這是一個很大的額外假定。超弦理論在四維時空中的具體物理預言與緊致空間的結構有關，因此除非能預言緊致空間的具體結構——僅僅預言其為卡拉比–丘流形（Calabi-Yau manifold）是遠遠不夠的，描述那種結構的參數就將成為理論中的隱含參數（Implicit parameter）。此外，超弦理論中的超對稱也必須以適當的機制破缺。將所有這些因素都考慮進

去之後，超弦理論是否仍滿足人們對終極理論的想像和要求，也許只有時間能夠告訴我們。

迴圈量子重力與超弦理論是互不相關的理論，彼此間唯一明顯的相似之處就是兩者都使用了一維的幾何概念 —— 前者的「圈」和後者的「弦」 —— 作為理論的基礎。如果這兩個理論都反映了物理世界的某些本質特徵，那麼這種相似也許就不是偶然的。未來的研究是否會揭示出這種巧合背後的聯繫，現在還是一個謎。

最後，讓我引用羅威利在第九屆格羅斯曼會議（Marcel Grossmann meeting）中的一段評論作為本文的結尾：

> 路尚未走到盡頭，許多東西仍待發現，如今的某些研究也許會碰壁。但無可否認的是，縱觀這一領域的全部發展，可以看到持續的進展。路 —— 毫無疑問 —— 是迷人的。

參考文獻

[1] ASHTEKAR A. New Variables for Classical and Quantum Gravity[J]. Phys. Rev. Lett, 1986, 57：2244.

[2] JACOBSON T, SMOLIN L. Nonperturbative Quantum Geometries[J] Nucl. Phys, 1988, B299：295.

[3] ROVELLI C, SMOLIN L. Discreteness of Area and Volumn in Quantum Gravity[J]. Nucl. Phys, 1995, B442：593.

[4] ROVELLI C. Black Hole Entropy from Loop Quantum Gravity[J]. Phys. Rev. Lett, 1996, 77：3288.

[5] JOSHI P S. Global Aspects in Gravitation and Cosmology[M].

Oxford ： Oxford University Press, 1996.

[6] WALLACE D. The Quantization of Gravity - An Introduction[J]. Physics, 2000.

[7] HOROWITZ G T. Quantum Gravity at the Turn of the Millennium. gr-qc/0011089.

[8] CARLIP S. Quantum Gravity ： a Progress Report[J]. Rept. Prog. Phys. 64, 885, 2001.

[9] ROVELLI C. Notes for a Brief History of Quantum Gravity. gr-qc/0006061.

[10] ASHTEKAR A. Quantum Geometry and Gravity ： Recent Advances[J]. General Relativity & Gravitation, 2013 ： 28-53.

[11] THIEMANN T. Lectures on Loop Quantum Gravity[J]. Springer Berlin Heidelberg, 2003, 631 ： 2003.

[12] POLCHINSKI J. String Theory[M]. Cambridge ： Cambridge University Press, 1998.

10

從對稱性破缺到物質的起源 [46]

2008 年 10 月 7 日，瑞典皇家科學院（The Royal Swedish Academy of Sciences）宣布了 2008 年諾貝爾物理學獎的得主。美籍日裔物理學家南部陽一郎（Yoichiro Nambu）由於「發現了亞原子物理中的對稱性自發破缺機制」（for the discovery of the mechanism of spontaneous broken symmetry in subatomic physics）獲得了一半獎金；日本物理學家小林誠（Makoto Kobayashi）和益川敏英（Toshihide Maskawa）則由於「發現了預言自然界中至少存在三代夸克的破缺對稱性的起源」（for the discovery of the origin of the broken symmetry which predicts the existence of at least three families of quarks in nature）而分享了另一半獎金。

在本文中，將對這三位物理學家的工作及這些工作的意義作一個簡單介紹。

46　本文的刪節版曾發表於其他科普刊物。

10.1 從對稱性自發破缺到質量的起源

由於這三位物理學家的工作都與對稱性的破缺有關，我們不妨從對稱性開始談起。

對稱性是一種廣泛存在於自然界中的現象。比方說，很多動物的外觀具有左右對稱性，雪花則具有六角對稱性。對稱性不僅在直覺上給人以美的感覺，而且還具有很大的實用性，因為任何東西倘若具有對稱性，就意味著我們只需知道它的一部分，就可以透過對稱性推知其餘的部分。比如對於雪花，我們只要知道它的六分之一，就可以透過對稱性推知它的全部。對稱性所具有的這種化繁為簡的特點，使它成為物理學家們倚重的概念。

當然，宏觀世界的對稱性都是近似的，不過物理學家們曾經相信，微觀世界的對稱性要嚴格得多。可是，當他們深入到微觀世界，尤其是亞原子世界時，卻發現很多曾被認為是嚴格的對稱性其實是破缺的。大自然彷彿就像那些有意在對稱圖案上添加不對稱元素的藝術家一樣，並不總是鍾愛完整的對稱性。

既然對稱性會破缺，那麼一個很自然的問題就是：它是如何破缺的？這個問題在 1960 年前後進入了南部陽一郎的研究視野，他透過對一種超導理論的考察，提出了對稱性自發破缺（spontaneous symmetry breaking）的概念[47]，並在時隔 48 年之後

---

47 南部陽一郎所考察超導理論是約翰·巴丁（John Bardeen）、利昂·庫珀（Leon Cooper）及約翰·施里弗（John Schrieffer）提出的 BCS 理論（1956 年）。對稱

由於這一工作獲得了諾貝爾物理學獎。

那麼,到底什麼是對稱性自發破缺呢?我們可以透過一個簡單的例子來說明:我們知道,倘若把一根筷子豎立在一張水平圓桌的中心,那麼筷子與圓桌就具有以筷子為轉軸的旋轉對稱性。但是,豎立在圓桌上的筷子是不穩定的,任何細微的擾動都會使它倒下。而筷子一旦倒下,無論沿哪個方向倒下,那個方向就變成了一個特殊方向,從而破壞了旋轉對稱性。在這個例子中,倒下的筷子處於勢能最低的狀態,這樣的狀態在物理學上被稱為基態。所謂對稱性自發破缺,指的就是這種對稱性被基態所破壞的現象。

對稱性自發破缺為什麼重要呢?首先是因為在這種情況下,雖然基態不再具有對稱性,但理論本身仍然有對稱性,因此對稱性所具有的那種化繁為簡的特點依然存在。但更重要的則是,由對稱性自發破缺所導致的一系列後續研究,對於人類探索質量起源的奧祕造成了重要作用。在南部陽一郎的工作之後僅僅過了四年,英國物理學家 P. 希格斯(P. Higgs)等人發現,如果把對稱性自發破缺的概念用到某一類可以描述現實世界的理論中,就可以使某些基本粒子獲得質量。他們的這一發現是人類迄今提出的解釋質量起源問題的最重要的機制之一[48]。

性自發破缺在凝聚態物理中的出現可遠溯至海森堡的鐵磁模型(1928 年),南部陽一郎是最早將之引進到量子場論中的物理學家。比他稍晚,戈德斯通(Jeffrey Goldstone)也提出了類似的想法。

48 這裡所說的「可以描述現實世界的理論」是指規範理論。希格斯等人提出的這一機制被稱為希格斯機制(Higgs mechanism),它是粒子物理標準模型的重要

如果說，藝術家們透過在對稱圖案上添加一些不對稱的元素，而創造出了更精巧的藝術品，那麼從某種意義上講，大自然這位更高明的藝術家則是透過對稱性的自發破缺，「創造」出了基本粒子的質量。南部陽一郎等人的工作，使我們對這一切有了一種全新的認識。

10.2 從夸克混合到物質的起源

　　與南部陽一郎的工作類似，小林誠和益川敏英的工作也與一個重要的起源問題有關，那便是物質的起源。這個故事得從 1956 年講起。

　　這個故事最早的情節是我們都很熟悉的：1956 年，李政道（T. D. Lee）和楊振寧（C. N. Yang）發現微觀世界中的宇稱對稱性 —— 通俗地講就是左右（或鏡面）對稱性 —— 在所謂的弱交互作用中是破缺的[49]。他們的這一發現使人們對其他一些對稱性也產生了懷疑，這其中一個很重要的對稱性叫做 CP 對稱性[50]，

　　組成部分。當然，質量起源問題迄今仍是一個未解決的問題，對這方面更詳細的介紹可參閱拙作《質量的起源》。在這裡，我順便提醒讀者，本文介紹的成果是標準模型的一部分，因此本文的很多論述都只適用於標準模型這一框架，在後文中我將不再一一指明其適用範圍。

49　嚴格地講，粒子物理中的宇稱變換是 $r \rightarrow -r$，或相當於左右（或鏡面）反射與一個旋轉變換的疊加。由於旋轉對稱性在粒子物理中是嚴格成立的，因此人們常常把宇稱對稱性等同於左右（或鏡面）對稱性。

50　CP 對稱性是電荷宇稱聯合對稱性，其中的「CP」是電荷共軛（charge conjugation）與宇稱（parity）的首字母縮寫組合。電荷共軛對稱性通常也叫做正反粒子對稱性。

它宣稱如果我們把世界上的粒子與反粒子互換，並且透過一面鏡子去看它，我們看到的新世界與原先的世界滿足相同的物理規律。

1964 年，CP 對稱性迎來了實驗的判決，結果被判「死刑」，因為它在弱交互作用中同樣也是破缺的。但與宇稱對稱性的破缺不同，CP 對稱性的破缺非常微小，並且很難找到一個理論來描述。在 1964 年之後的一段時間裡，如何解釋 CP 對稱性的破缺成為一個惱人的懸案。

這一懸案直到 1972 年才被小林誠和益川敏英所破解。他們發現，解決這一懸案的關鍵在於一些被稱為夸克（quark）的基本粒子。當時人們已經知道，夸克在弱交互作用中會以彼此混合的方式參與[51]。初看起來，這跟 CP 對稱性似乎沒什麼關係，但小林誠和益川敏英發現，倘若自然界中至少存在三代（即六種 —— 夸克在參與交互作用時是兩兩分組的，每組稱為一代）

51　夸克以彼此混合的方式參與弱交互作用的設想，可以回溯到 1963 年義大利物理學家尼古拉·卡比博（Nicola Cabibbo）的工作。不過當時夸克模型尚未問世，卡比博提出的其實是流（current）的混合。1964 年，夸克模型問世後，默里·蓋爾曼（Murray Gell-Mann）和莫里斯·列維（Maurice Lévy）立刻將卡比博的工作轉譯成了夸克語言（蓋爾曼和列維對卡比博的工作相當熟悉，因為後者曾受到他們幾年前的一些工作的影響）。卡比博的設想可以很好地解釋某些實驗，但卻與另一些實驗相矛盾（比如它所預言的 $K^0 \to \mu^+\mu^-$ 的衰變機率遠大於實驗值）。這些問題直到 1970 年才被謝爾頓·格拉肖（Sheldon Glashow）、約翰·李爾普羅斯（John Iliopoulos）和盧西恩·梅安尼（Luciane Maiani）透過引進第四種夸克（即 c 夸克）所解決，他們的解決方案被稱為 GIM 機制（GIM mechanism）。卡比博的理論雖有缺陷，但他是這一領域的先驅者，他與 2008 年的諾貝爾物理學獎失之交臂，與戈德斯通一樣，有點令人惋惜。

夸克，那麼它們的混合就可以導致 CP 對稱性的破缺[52]。在他們做出這一發現的時候，人們預期的夸克只有兩代（即四種），已被實驗發現的則只有一代半（即三種）。因此他們的工作不僅為 CP 對稱性的破缺提供了一種可能的解釋，而且還預言了至少一代（即兩種）新的夸克。這兩種新夸克分別於 1977 年和 1995 年被實驗所發現，而他們提出的描述夸克混合的具體方式，也在過去二十幾年裡得到了很好的實驗驗證。

那麼，CP 對稱性的破缺有什麼深遠意義呢？我們知道，所有基本粒子都有自己的反粒子（Antiparticle）（少數粒子——比如光子——的反粒子恰好是它自己）。多數物理學家認為，宇宙大爆炸之初是處於正反物質對稱的狀態的。但天文觀測表明，如今的宇宙卻是以物質為主的。這就產生了一個問題：宇宙中的反物質（antimatter）到哪裡去了？對於這個問題，目前還沒有完整的答案，但物理學家們普遍認為，CP 對稱性的破缺正是解決問題的關鍵環節之一。因為 CP 對稱性的破缺表明物質與反物質在參與交互作用時存在著細微差別，很可能正是這種差別，外加另外一些條件，最終導致了兩者的數量差異。從這個意義上講，我們這個五彩繽紛的物質世界，包括人類自身，都很可能是 CP 對稱性的細微破缺留下的遺跡[53]。

---

52 需要提醒讀者注意的是，雖然 2008 年獲獎的三位物理學家的工作都與對稱性破缺有關，但它們所涉及的對稱性破缺的方式是完全不同的。南部陽一郎提出的是對稱性的自發破缺，而小林誠與益川敏英的工作所涉及的則是對稱性的明顯破缺。

53 對宇宙中正反物質的不對稱，以及物理學家們為解釋這種不對稱而提出的幾個

　　在結束本文之前，讓我們來展望一種奇異的未來。假定有一天，人類與某種遙遠的外星文明取得了通訊聯絡，大家言談甚歡後，決定見面擁抱（有點像地球上的網戀）。但問題是，誰都不想「見光死」，因此必須先確認對方相對於自己會不會是反物質。有人也許會想到，雙方可以問一下對方電子所帶電荷是正的還是負的，假如相同就 OK 了。但這是行不通的，因為雙方對電荷正負的定義有可能恰好相反。事實上，假如 CP 對稱性是嚴格的，雙方將不會有任何方法在完全不接觸的情況下，確定對方是正物質還是反物質。不過幸運的是，在這個 CP 對稱性破缺的世界裡，存在一種雙方都可以確認的中性粒子，它衰變時產生電子的機率要比產生反電子的機率略低。利用這一點，雙方就可以問對方這樣一個問題：你們那裡的電子在那種粒子的衰變過程中出現得較多還是較少？如果雙方的答案相同，就說明擁抱是安全的，否則就只好老死不相往來了 [54]。

附錄：獲獎者小檔案

[1]　南部陽一郎（Yoichiro Nambu）：美籍日裔物理學家，出生於 1921 年 1 月 18 日，1952 年獲東京大學（University of Tokyo）博士學位，1970 年加入美國籍，目前在美國芝加哥大學費米研究所（Enrico Fermi Institute, University of Chicago）。南部陽一郎主要

　　必要條件的更多介紹，可參閱拙作《反物質淺談》。

54　這裡所說的中性粒子是長壽命中性 K 介子 K_L^0，所涉及的衰變模式則是 $K_L^0 \rightarrow e^+ \pi^- \nu$ 與 $K_L^0 \rightarrow e^- \pi^+ \bar{\nu}$。另外，這裡討論的是一個完全假想的局面，事實上，雙方如果真想要搞明白對方的組成，只要各自提供一個自己世界裡的電子，看彼此是否會湮滅就可以了。

從事場論研究，除此次獲獎的工作外，他還是弦理論的創始人之一。

[2] 小林誠（Makoto Kobayashi）：日本物理學家，出生於 1944 年 4 月 7 日，1972 年獲名古屋大學（Nagoya University）博士學位，目前在日本築波高能加速器研究機構（High Energy Accelerator Research Organization）。小林誠主要從事高能物理研究。

[3] 益川敏英（Toshihide Maskawa）：日本物理學家，出生於 1940 年 2 月 7 日，1967 年獲名古屋大學（Nagoya University）博士學位，目前在日本京都產業大學（Kyoto Sangyo University）及京都大學湯川理論物理研究所（Yukawa Institute for Theoretical Physics, Kyoto University）。益川敏英主要從事高能物理研究。

南部陽一郎　　　　　小林誠　　　　　益川敏英

第二部分

天 文

11

克卜勒定律與嫦娥之旅 [1]

2007 年 10 月 24 日下午 18 時 05 分，探月衛星「嫦娥一號」在「長征三號甲」運載火箭的推動下冉冉升起，開始了令人矚目的首次奔月之旅。

毫無疑問，「嫦娥一號」第一階段的看點是它的飛行過程。這一過程遵循的是一條經過精密設計的軌道，目標是讓「嫦娥一號」被月球俘虜，成為繞月衛星。

不過要當月球的俘虜可不是一件容易的事，因為月球的引力較弱，抓俘虜的能力有限，而且它不僅遠在 38 萬多公里之外，還以每秒約 1 公里的速度繞地球運動著。「嫦娥一號」飛臨月球的時機和速度只要稍有偏差，就有可能當不成俘虜，或因熱情過度而在與月球的親密接觸中化為塵埃。為了讓「嫦娥一號」能順利當上俘虜，同時也兼顧運載火箭的能力，「嫦娥工程」的設計者們為「嫦娥一號」安排了 1 次遠地點、3 次近地點及 3 次近月點共計 7 次變軌。所有的變軌都完成得非常漂亮，「嫦娥一號」於 11 月 7 日 8 時 24 分幾乎完美無缺地進入了環月工作

1　本文曾發表於其他刊物。

軌道。

　　在這篇短文中，我們將用大家熟悉的，已有近 400 年歷史的「克卜勒第三定律」——它表明在一個中心天體的引力場中，所有橢圓軌道的週期平方正比於長軸長度的三次方[2]——來估算一下「嫦娥一號」各次近地點變軌後的軌道參數，並與媒體公布的資料進行對比。我們將看到，即便在這樣一個複雜的航太工程中，我們在物理中學到的簡單規律依然可以非常有效地幫助我們理解資料。看似初等的物理學定律，在這麼尖端的技術領域中有著美妙的體現。

　　根據報導，「嫦娥一號」的第一次近地點變軌是在 10 月 26 日 17 時 33 分進行的，當時「嫦娥一號」的飛行高度約為 600 公里。變軌完成後它進入了近地點高度為 600 公里，週期為 24 小時的橢圓停泊軌道。我們來估算一下這一軌道的遠地點高度。我們知道，克卜勒第三定律只關心軌道週期和長軸長度，而與軌道橢率、衛星質量等參數完全無關。這表明所有週期為 24 小時的環地球軌道的長軸長度都相同。在這些軌道中，有一個是大家非常熟悉的，那就是地球同步軌道，它是一個圓軌道，其高度——對圓軌道來說這高度既是近地點高度也是遠地點高度——約為 35,800 公里。利用這一軌道，我們立刻可以知道「嫦娥一號」的橢圓停泊軌道的近地點高度與遠地點高度之和為 35,800×2=71,600 公里，從而遠地點高度約為 71,600-600=71,000

2　在表述克卜勒定律的時候，人們通常採用的是半長軸的長度，不過對我們的目的來說，用長軸長度更為方便，兩者的差別只是比例係數有所不同。

公里（媒體公布的資料為 71,600 公里，與估算相差 0.8%）。

「嫦娥一號」在 24 小時軌道上運行三週後經由第二次近地點變軌進入了一個週期為 48 小時的大橢圓軌道。這個新軌道的遠地點高度又是多少呢？我們也來估算一下。由於新軌道的週期是舊軌道的 2 倍，因此週期的平方是舊軌道的 4 倍。按照克卜勒第三定律，新軌道長軸長度的三次方也應該是舊軌道的 4 倍，從而長軸長度本身應為舊軌道的 $4^{1/3} \approx 1.587$ 倍。由於舊軌道的長軸長度是前面提到的近地點和遠地點高度之和（71,600 公里）加上地球的直徑（約為 12,750 公里），即 84,350 公里，因此新軌道的長軸長度為 $84{,}350 \times 1.587 \approx 133{,}860$ 公里。扣除地球直徑後，我們就可以得到新軌道的近地點和遠地點高度之和約為 133,860-12,750=121,110 公里。由於近地點的高度在近地點變軌中基本不變[3]，仍為 600 公里，因此新軌道的遠地點高度約為 121,110-600=120,510 公里（媒體公布的資料為 119,800 公里，與估算相差 0.6%），這一遠地點高度創下了新紀錄 —— 當然這或許也是最短命的紀錄，因為它立刻就被下一次變軌所打破。

沿 48 小時軌道運行一週後，「嫦娥一號」於 10 月 31 日 17 時 15 分開始了第三次近地點變軌。經過這次變軌，「嫦娥一號」終於進入了地月轉移軌道，如它動人的名字那樣，往月球的懷

3　這並不是完全平凡的結果，而是平方反比引力場（inverse square field）的特殊性質 —— 有界軌道必定閉合 —— 的推論。不過為了使這一結果成立，變軌過程必須足夠迅速，否則新軌道的近地點高度及軌道取向都會有一定幅度的改變。在實際的精密軌道計算中這種改變是必須考慮的，但對於我們的粗略驗證來說，它可以被忽略。

抱撲去。這一次變軌後的軌道近地點高度仍為 600 公里（只不過這一次它再也不會飛回近地點了），遠地點則延伸到了月球軌道附近（這是當月球俘虜所必需的）。我們來佔算一下，「嫦娥一號」在進入環月軌道前在這個地月轉移軌道上需要飛行多久。由於地月轉移軌道的長軸約為月球軌道長軸（即直徑）的一半，按照克卜勒定律，該軌道的週期應為月球公轉週期（約為 27.3 天 [4]）的 $1/\sqrt{8}$，即 231 小時。由於「嫦娥一號」只需在這個軌道上運行半周（即從近地點飛到遠地點），因此它的飛行時間約為軌道週期的一半，即約 115 小時（媒體公布的資料為 114 小時，與佔算相差 0.9%）[5]。

　　類似地，我們也可以對「嫦娥一號」三次近月點變軌 —— 由於都是減速過程，因此也叫做近月點制動 —— 後的軌道參數進行估算，為避免雷同，本文就不細述了，感興趣的讀者可以自己試試，並與媒體公布的資料進行對比 [6]。

4　讀者們也許會對月球公轉週期如此顯著地小於一個「月」感到意外。對於曆法來說，一個更常用的「月」是所謂的朔望月，它是月相的週期。由於月相與地球太陽的相對位置有關，而在一個「月」裡地球繞太陽轉過的角度頗為可觀，因此朔望月與月球公轉週期有著不小的差別，它約為 29.5 天（感興趣的讀者可以推導一下這個數值）。

5　這一估算雖然從數值上看精度還可以，但實際上要比前兩次估算粗略得多。因為它忽略了地球直徑和近地點高度，也忽略了遠地點高度（約為 40.5 萬公里）與月球軌道半徑（約為 38.4 萬公里）的差別（這一差別部分地被無須完全飛至遠地點這一事實所抵消），以及「嫦娥一號」在接近月球時所受月球引力的影響等諸多因素。

6　細心的讀者也許注意到了，在上面的討論中我們曾以地球同步軌道作為參照，以避免涉及克卜勒第三定律中的比例係數（在衛星質量可以忽略的情況下，該係數只與萬有引力常數及中心天體的質量有關）。同樣的，對於繞月軌道，我

們也需要一個參照軌道，以避免涉及比例係數的具體數值。感興趣的讀者請利用地球質量為月球質量的 81 倍，以及比例係數反比於中心天體質量這兩條訊息來尋找一個參照軌道。

12

宇宙學常數、超對稱及膜宇宙論

　　我們來講述現代宇宙學中的一個「新瓶裝舊酒」的小故事。故事中的「新瓶」是因超弦理論而興起的一種新的宇宙學理論，稱為膜宇宙論（brane cosmology），只有短短幾年的歷史，不可謂不新；而「舊酒」則是與現代宇宙學的第一篇論文同時誕生的宇宙學常數，已經「窖藏」了近百年（期間被零星出土過幾次），不可謂不舊。以前我介紹的大都是科學界較為主流的觀點，這次的故事卻只是一個「小眾報告」（minority report）。但是在這個故事中，現代物理的幾條線索以一種令人讚嘆的美麗方式交織在一起，閃現出了一朵小小的智慧火花。這朵小小的火花將一閃而逝還是會點燃一片遼闊的夜空，我們還不得而知。

12.1 宇宙學項與宇宙學常數

　　讓我們把時間推回到 1917 年，那是現代宇宙學誕生的年代，也是我們那壇「舊酒」釀造的年代。那一年愛因斯坦發表了

一篇題為《基於廣義相對論的宇宙學考察》的論文，研究宇宙的時空結構。在那篇文章中，愛因斯坦第一次將廣義相對論運用到了宇宙學中，為現代宇宙學奠定了理論框架。但是愛因斯坦的研究卻有一個先天的不足，那就是觀測資料的嚴重匱乏，特別是當時距哈伯發現宇宙膨脹還差整整 12 個年頭。那時大多數天文學家心目中的宇宙在大尺度上是靜態的，愛因斯坦試圖構造的也是一個靜態的宇宙模型。

不幸的是，這樣的模型與廣義相對論卻是不相容的。這一點從物理上講很容易理解，因為普通物質間的引力是一種純粹的相互吸引，而在純粹相互吸引的作用下物質分布是不可能處於靜態平衡的。為了維護整個宇宙的「寧靜」，愛因斯坦不得不忍痛對自己心愛的廣義相對論場方程作了修改，增添了一個所謂的「宇宙學項」：

$$G_{\mu\nu} = 8\pi G T_{\mu\nu} + \Lambda g_{\mu\nu}$$

式中左邊的 $G_{\mu\nu}$ 是愛因斯坦張量（Einstein tensor），描述時空的幾何性質，右邊的 $T_{\mu\nu}$ 是物質場的能量動量張量，這兩項構成了原有的廣義相對論場方程式（我們取了光速 $c=1$ 的單位制）。最後一項 $\Lambda g_{\mu\nu}$ 就是新增的宇宙學項，其中的常數 Λ 被稱為宇宙學常數。如果宇宙學常數為零，則場方程式退化為原有的廣義相對論場方程式。

現代宇宙學中的一種常用的做法，是將宇宙學項併入能量

動量張量，這相當於引進一種能量密度為 $\rho_\Lambda = \Lambda/8\pi G$，壓強為 $p_\Lambda = -\Lambda/8\pi G$ 的能量動量分布。這是一種十分奇特的能量動量分布，因為在廣義相對論中，當能量密度與壓強之間滿足 $\rho + 3p < 0$ 時，能量動量分布所產生的「引力」實際上具有排斥作用。因此在一個宇宙學常數 $\Lambda > 0$ 的宇宙模型中存在一種排斥作用。利用這種排斥作用與普通物質間的引力相抗衡，愛因斯坦如願構造出了一個靜態的宇宙模型，其宇宙半徑為 $R = \Lambda^{-1/2}$。

雖說靜態宇宙模型的構造是如願了，但愛因斯坦對所付出的代價有些耿耿於懷，他在那年給好友保羅・埃倫費斯特（Paul Ehrenfest）的信中表示，對廣義相對論作這樣的修改「有被送進瘋人院的危險」。幾年後，在給赫爾曼・外爾（Hermann Weyl）的一張明信片中他又寫道：「如果宇宙不是準靜態的，那就不需要宇宙學項。」

那麼，我們的宇宙究竟是不是準靜態 —— 大尺度上靜態 —— 的呢？

答案很快就有了。距離愛因斯坦給外爾的明信片又隔了幾年，1929 年，美國威爾遜天文臺（Mount Wilson Observatory）的天文學家愛德溫・哈伯（Edwin Hubble）研究了遙遠星系的紅移與距離之間的相互關聯，結果發現那些星系正系統性地遠離我們而去，其遠離的速率與它們跟我們的距離成正比（比例係數被稱為哈伯常數），這便是著名的哈伯定律（Hubble's law）。哈伯定律的發現表明我們的宇宙在大尺度上不是靜態的，從而愛因斯

坦引進宇宙學項的原始動機不再成立。愛因斯坦兌現了他對外爾說過的話，於 1931 年發表文章放棄了宇宙學項。愛因斯坦的靜態宇宙模型雖被觀測否定了，但順帶著把宇宙學項從廣義相對論中驅逐出去，對愛因斯坦或許也不無安慰。

可天下事難以盡如人願，愛因斯坦雖不想再看到宇宙學項，但宇宙學項這個潘朵拉盒子既已打開，它的命運就非一人所能主宰，即便愛因斯坦本人也無法將它徹底關上了。由於當時對哈伯常數的測定結果所給出的宇宙年齡僅為 20 億年，比地球的年齡還小得多，而宇宙學項的存在可以修正哈伯常數與宇宙年齡之間的關係，因此一些天文學家 —— 比如喬治・勒梅特（Georges Lemaître）—— 仍然堅持採用宇宙學項，以解決宇宙年齡問題。後來宇宙學項還被赫爾曼・邦迪（Hermann Bondi）、佛萊德・霍伊爾（Fred Hoyle）等人用於構築目前已被放棄的穩恆態宇宙模型（steady － state model）。

不過隨著觀測精度的改善，到了 1950 年代，對哈伯常數的測定所給出的宇宙年齡與天體年齡之間的矛盾已大為緩和，「待價而沽」的宇宙學項隨之急遽貶值。此後的一段時間內，宇宙學項如幽靈般地遊走於觀測與理論的邊緣，兩者一出現矛盾就被請出（即認為 $\Lambda \neq 0$），矛盾一消失（通常由於觀測精度的改善），則立刻又遭遺棄（即認為 $\Lambda = 0$）。如此招之即來，揮之即去，地位甚是「淒涼」。宇宙學常數在零與非零之間的這種飄忽不定，在很大程度上要歸因於宇宙學觀測所存在的巨大誤差。

這種誤差使得很長一段時間內，人們對宇宙學常數的取捨往往只能建立在錯誤或不充分的依據之上。

但常言道：是金子，總有發光的一天。宇宙學最近幾年的發展又一次將宇宙學項請到了檯檯，引用喬治·伽莫夫（George Gamow）自傳《我的世界線》（*My World Line*）中的一句舊話來說就是：「Λ 又一次昂起了醜陋的腦袋。」

只不過這一次它的腦袋昂得如此之高，也許再也沒有人能將它按到臺下去了。

12.2 暗物質

如前所述，一個非零的宇宙學常數代表了宇宙物質的一種十分奇特的組成部分[7]。因此在下面的兩部分中我們先來簡單回顧一下天文學家們對宇宙物質組成的研究。我們將會看到，最新的觀測和理論為什麼要求宇宙物質中有這樣一種奇特的組成部分。

宇宙中最顯而易見的組成部分當然是天空中那些晶瑩閃爍的星星以及美麗多姿的星雲星系等，在宇宙學上這些被統稱為可見物質。在過去，人們曾經很自然地把可見物質作為宇宙物質的主要組成部分。但是到了近代，尤其是 1980 年代，這種觀點卻遭到了來自觀測和理論的雙重挑戰。

7　這裡及若干類似文句中「物質」一詞均泛指能量動量分布，讀者可從上下文中分辨具體含義。

在觀測上，人們發現宇宙中的某些大尺度運動學現象 ——
比如星系旋轉速率的分布 —— 無法用可見物質之間的相互引力
得到解釋。換句話說，為了解釋那些大尺度運動學現象，必須
假定宇宙中除了可見物質外，還存在某種不可見的物質，這種
物質被形象地稱為暗物質（dark matter）。定量的研究還表明，
這些暗物質的存在絕不是點綴性的，它們對宇宙物質的貢獻要
比可見物質還大一個數量級左右。

對暗物質的另一類支持來自於對宇宙動力學的研究。現代
宇宙學假定宇宙在大尺度上是均勻及各向同性的 —— 這被稱
為宇宙學原理（cosmological principle），在這一基本假定下，宇
宙的幾何結構由所謂的羅伯遜 - 沃爾克度規（Robertson-Walker
metric）描述。根據宇宙物質密度的不同，由羅伯遜 - 沃爾克
度規描述的宇宙有三種基本類型：如果宇宙中的物質密度大於
某個臨界密度 ρ_c（其數值為 $3H_0^2/8\pi G$，其中 H_0 為當前的哈伯常
數 —— 在宇宙學中，下標 0 通常表示一個量的當前值），則宇
宙的空間曲率為正，這樣的宇宙是封閉的；如果宇宙中的物質
密度等於臨界密度，則宇宙的空間曲率為零，這樣的宇宙是開
放的；如果宇宙中的物質密度小於臨界密度，則宇宙的空間曲
率為負，這樣的宇宙也是開放的。宇宙學上通常用 Ω 表示宇
宙物質密度與臨界密度之比，因此上述三種情形分別對應於
$\Omega>1$、$\Omega=1$ 及 $\Omega<1$。

那麼這三種情形究竟哪一種適合於我們的宇宙呢？這原本

是一個應該交由觀測來裁決的問題，但科學家們卻從對宇宙動力學的理論研究中發現了一條重要思路。具體地說，科學家們發現 Ω 滿足這樣一個關係式（再重複一遍，下標 0 表示當前值）：

$$\frac{\Omega - 1}{\Omega_0 - 1} = \left(\frac{R}{R_0}\right)^{\alpha}$$

其中 R 為描述宇宙線度的物理量，α 是一個取值為正的指數，其數值取決於宇宙中是輻射還是物質占主導，假如輻射占主導（這是宇宙早期的情形），則 $\alpha = 2$；假如物質占主導（這是當前的情形），則 $\alpha = 1$[8]。從這一關係式可以看到，宇宙尺度越小 Ω 與 1 就越接近。

另一方面，雖然我們對於 Ω 的了解還很不精確，卻足以確定其當前值——Ω_0——的數量級為 1。由於今天宇宙的尺度達 10^{26} 公尺，由此科學家們推算出在宇宙的極早期，當它的尺度約為 10^{-35} 公尺——所謂的普朗克長度——時，Ω-1 約為 10^{-60} 甚至更小，也就是說宇宙極早期的 Ω 約為：

1.000000000000000000000000000000000000000000000000000000000001

雖然誰也不能說大自然就一定不會採用這樣一個極度接近於 1 卻又偏偏不等於 1 的數值，但是當一個計算結果出現這

8　假如輻射和物質都不占主導地位，或宇宙學常數的影響不可忽視，則這一簡單的指數規律並不成立。但這並不妨礙我們用它來對 Ω-1 在宇宙早期的數值做上界估計。

樣一種數值時，我們顯然有理由要求一個合理的解釋。也就是說，我們需要有一個理論來解釋，為什麼在宇宙的初始條件中會出現一個如此接近於 1 的 Ω，或者說為什麼宇宙的初始空間曲率會如此地接近於零 —— 這在宇宙學上被稱為平直性問題（flatness problem）。

1980 年代初，這樣的一個理論由阿蘭・古斯（Alan Guth）和安德烈・林德（Andrei Linde）等人所提出，被稱為暴脹宇宙論（inflationary cosmology）。暴脹宇宙論如今已是標準宇宙學的重要組成部分[9]。暴脹宇宙論不僅解釋了宇宙早期 Ω 與 1 之間異乎尋常的接近，還進一步預言今天的 Ω（即 Ω_0）也非常接近於 1。按照前面所說，$\Omega=1$ 表明宇宙的物質密度等於臨界密度。因此暴脹宇宙論對 Ω_0 的預言也可以表述為目前宇宙的物質密度非常接近臨界密度。

但即便考慮到對宇宙物質密度及臨界密度的觀測都存在很大的誤差，我們觀測到的可見物質的密度也遠遠達不到臨界密度，兩者的差距在一到兩個數量級之間。暗物質很自然地被用來填補這一差距。

因此在 1980 年代左右，無論觀測還是理論都傾向於認為，宇宙的主人不是天空中那些充滿詩情畫意的星座，而是一些看不見摸不著的神祕來賓 —— 暗物質。至於暗物質究竟是由什麼

9　順便提一下，暴脹宇宙論本身與宇宙學常數也大有淵源；此外，暴脹宇宙論所能解決的也遠不止是平直性問題。這些在本文中就不展開討論了。

組成的，天文學家們眾說紛紜。有人認為是有質量的中微子，有人認為是目前尚未觀測到的超對稱粒子，也有人認為是不發光的普通物質，甚至可能是大量的黑洞，等等。無論具體的猜測是什麼，有一個看法是比較一致的，那就是暗物質的能量動量性質－－從而其引力效應——與普通物質是一樣的，這一點在暗物質的探測中扮演著重要作用。

12.3 暗能量

　　但是隨著研究的深入，人們漸漸發現引進暗物質雖可以解釋諸如星系旋轉速率分布之類的觀測現象，同時也有種種跡象表明，儘管暗物質的數量遠遠多於可見物質，卻仍不足以使宇宙的物質密度達到臨界密度。換句話說，如果我們相信暴脹宇宙論的預言，即宇宙當前的物質密度非常接近於臨界密度（$\Omega_0 \approx 1$）的話，那麼宇宙中除了可見物質與暗物質之外還必須有一些別的東西！由於對暗物質的探測假定了其能量動量性質與普通物質相同，因此在這種探測中漏網的「別的東西」具有與普通物質不同的能量動量性質。

　　這種「別的東西」存在的另一個理由來自對宇宙年齡的推算。由於暗物質與可見物質產生引力的規律相同，簡單的計算表明，在一個 $\Omega=1$ 的宇宙中若物質全部由可見物質與暗物質構成，則宇宙年齡與哈伯常數的關係為

$$t_0 = \frac{2}{3H_0}$$

目前對哈伯常數 H_0 的最新測量結果是 H_0=(0.73±0.05)×100 公里·秒$^{-1}$·百萬秒差距$^{-1}$，由此推算出的宇宙年齡為 90 億～ 100 億年。這一數字雖比哈伯當年 20 億年的尷尬結果體面一些，但由於誤差之小讓人失卻了退讓的餘地，與天體年齡之間的實際矛盾反而變得更為尖銳了 [10]。無奈之下，天文學家們又想起了愛因斯坦窖藏的那壇「舊酒」。於是宇宙學的歷史又輪迴到了 20 世紀的上半葉，宇宙學常數被重新請回舞台，來解決宇宙年齡問題。只不過大半個世紀後的今天，宇宙學的觀測精度已非昔日可比，因此這次我們不僅把宇宙學常數請了回來，還可以替它「量身裁衣」，讓它在臺上真正亮麗地登場了。

引進了宇宙學常數後，宇宙年齡與哈伯常數的關係式被修正為（假定 Ω=1，且宇宙學常數為正）：

$$t_0 = \frac{2}{3H_0\Omega_\Lambda^{1/2}} \ln\left[\frac{1+\Omega_\Lambda^{1/2}}{\left(1-\Omega_\Lambda\right)^{1/2}}\right]$$

其中 Ω_Λ 是宇宙學項對 Ω 的貢獻（$\Omega_\Lambda \equiv \rho_\Lambda/\rho_c = \Lambda/3H_0^2$）。

10　有關這一矛盾，若干年前我在哥倫比亞大學物理系聽一個題為「最古老的恆星」（The Oldest Stars）的學術報告時，天體物理學家馬爾文·魯德曼（Malvin Ruderman）曾作過一個很幽默的描述。他在引介報告人時表示，最近天文學上的一個很重要的發現是「最古老的恆星比宇宙更古老」（the oldest stars are older than the universe）。

不難看到，假如 Ω_A 趨於 0（即沒有宇宙學項），上述公式便退化為 $t_0=(2/3)H_0^{-1}$，但假如 Ω_A 趨於 1（即宇宙學項是唯一的物質分布），它所給出的宇宙年齡趨於無窮，因此這一公式具有擬合任意大於 $(2/3)H_0^{-1}$ 的宇宙年齡的能力。

那麼宇宙年齡究竟有多大呢？對宇宙元素合成及天體年齡等方面的綜合研究表明它在 130 億～ 140 億年之間，由此對應的 Ω_A 大約為 0.7。

$\Omega_A \approx 0.7$ 這一結果也被其他一些獨立的觀測研究 —— 比如對超新星的觀測及對宇宙微波背景輻射的細緻研究 —— 所證實。這些高精度的觀測與分析同時也對暴脹宇宙論的理論預言 $\Omega \approx 1$ 提供了有力支持，目前對 Ω 的最佳觀測結果為 $\Omega=1.02\pm0.02$。

因此從迄今最為精密的觀測結果來看，我們宇宙的真正主人既不是可見物質，也不是暗物質，而是沉浮了大半個世紀、被愛因斯坦稱為自己一生所犯最大錯誤的宇宙學常數[11]。這真是「三十年河東，三十年河西」，宇宙學常數笑得最晚，卻笑得最為燦爛。

天文學家們把由宇宙學常數描述的能量稱為暗能量（dark energy）—— 如上所述，它約占目前宇宙能量密度的 70%。

從可見物質到暗物質，又從暗物質到暗能量，人類在探索宇宙之路上走出的這一串長長的足印也是現代宇宙學發展的一

---

11 這一流傳甚廣的說法出自伽莫夫自傳《我的世界線》中的回憶，愛因斯坦本人並未為此留下文字記錄。

個縮影。宇宙學常數及暗能量的存在解釋了許多觀測現象，卻也提出了一系列棘手的問題：宇宙學常數的物理起源何在？它為什麼取今天這樣的數值？占目前宇宙能量密度 70% 的暗能量究竟又是由什麼組成的？

關於這些問題，我們將在接下來的各節中加以討論。

12.4 零點能量

在 12.3 節中我們講到，最新的天文觀測表明宇宙中約有 70% 的能量密度是由所謂的暗能量組成的。在廣義相對論中，描述這種暗能量的是由愛因斯坦提出，卻又令他後悔、被他放棄的宇宙學項。

需要說明的是，雖被愛因斯坦本人所不喜，但宇宙學項在廣義相對論中的出現其實並不是一件很牽強的事情。在廣義相對論中與牛頓引力理論中的引力勢相對應的是時空的度規張量，如果我們假定廣義相對論的引力場方程式（張量方程式）與牛頓引力理論中的帕松方程式一樣為二階方程式，並且關於二階導數呈線性，那麼在滿足能量動量守恆的條件下，場方程式的普遍形式正好就是帶宇宙學項的廣義相對論場方程式[12]。因此宇宙學項在廣義相對論的數學框架中是有一席之地的，它最終

---

12 假如我們對廣義相對論場方程式的形式作更嚴格的限定，即限定它不僅與帕松方程式一樣為二階方程式，而且與後者一樣只含二階導數，或者限定其弱場近似嚴格等同於帕松方程式，則宇宙學項將不會出現。但在推廣一個理論時是否有必要如此嚴格地模仿舊理論的結構是大可商榷的。

的脫穎而出正好應了一句老話：天生我材必有用。

宇宙學項的存在表明即便不存在任何普通物質（即 $T_{\mu\nu}=0$），宇宙中仍存在由宇宙學常數所描述的能量密度。在物理學中人們把不存在任何普通物質的狀態稱為真空，從這個意義上講宇宙學常數描述的是真空本身的能量密度，暗能量則是真空本身所具有的能量。

但是號稱一無所有的真空為什麼會有能量呢？

這個問題是不該由廣義相對論來回答的，因為廣義相對論描述的是能量動量分布與時空結構之間的關係，至於能量動量分布本身的起源與結構，則是物理學的其他領域 ── 比如電磁理論、流體力學等 ── 的任務。因此，為了回答這一問題，我們先把愛因斯坦發動的這場直搗物理世界中最大研究對象 ── 宇宙 ── 的人隻影單的「斬首行動」擱下，到 20 世紀上半葉物理學的另一個著名戰場 ── 量子戰場 ── 去看看。那裡的情況與宇宙學戰場正好相反，研究的是物理世界中最小的對象 ── 微觀粒子，戰況卻熱鬧非凡，簡直是將星雲集，就連在宇宙學戰場上孤膽殺敵、勇開第一槍的愛因斯坦本人也在這裡頻頻露面。不用說，這一番大作戰所獲的戰利品是豐厚的，我們所尋找的有關暗能量物理起源的蛛絲馬跡也混雜在了那些來自微觀世界的琳瑯滿目的戰利品中。

它就是微觀世界中的零點能量（zero point energy）。

依照我們對微觀世界的瞭解，組成宏觀世界的普通物

質 —— 廣義相對論中由 $T_{\mu\nu}$ 描述的物質 —— 都是由基本粒子構成的，而這些基本粒子則是一些被稱為量子場的量子體系的激發態（Excited State）。當所有激發態都不存在時，量子場的能量處於最低。量子場的這種能量最低的狀態被稱為基態（ground state），它對應的是宏觀世界中不存在任何普通物質 —— $T_{\mu\nu}=0$ —— 的狀態，也就是我們通常所說的真空。微觀世界的一個奧妙之處，就在於當一個量子場處於基態時，它的能量並不為零。這種非零的基態能量被稱為零點能量，它也正是真空本身的能量。更妙的是，這種真空本身所具有的零點能量正好具備我們前面所說的暗能量的特點，因為它的能量動量張量正好可以用宇宙學項來描述。

物理學就像一條首尾相接的巨龍，宇宙之大與粒子之小探求到最後竟然交匯到了一起，實在很令人振奮。可惜好景不長，物理學家們計算了一下由零點能量給出的宇宙學常數的數值，結果卻大失所望。假如普通量子場論適用的能量上限為 M（或等價地，距離下限為 $1/M$），則計算表明，在這一適用範圍內量子場的零點能量密度大約為（這裡我們採用了光速與普朗克常數都為 1 的單位制）：

$$\rho \sim M^4$$

由此對應的宇宙學常數約為：

$$\Lambda \sim G\rho \sim \frac{M^4}{M_p^2}$$

其中 M_p 為普朗克能量（約為 10^{28} 電子伏，即 10^{19}GeV）。

另一方面，由宇宙學觀測所得的宇宙學常數為 $\Lambda \sim R^{-2} \sim 10^{-52}$ 每平方公尺 [13]。為了讓兩者相一致，量子場論所適用的能量上限 M 必須在 10^{-3} 電子伏（即 meV）的量級。這無疑是荒謬的，因為我們知道，氫原子的能級在 eV（電子伏）量級，原子核的能級在 10^6 電子伏（即 MeV）量級，電弱統一的能區在 10^{11} 電子伏（即 10^2GeV）量級……量子場論在所有這些能區都得到了大量的實驗驗證，因此其適用的能量範圍顯然遠遠地超出了 10^{-3} 電子伏（meV）的量級。

此外，由於 $\Lambda \sim R^{-2}$，我們還可以反過來由零點能量推算出宇宙半徑，即

$$R \sim \Lambda^{-1/2} \sim \frac{M_p}{M^2}$$

這一結果表明量子場論所適用的能量 M 越高，由零點能量反推出的宇宙學常數就越大，相應的宇宙半徑則越小。據說包立曾做過那樣的推算，他假定量子場論所適用的距離下限為電

13　細心的讀者也許注意到了，$\Lambda \sim R^{-2}$ 正是第 12.1 節中提到的愛因斯坦靜態宇宙模型中宇宙半徑與宇宙學常數之間的關係式（只不過「=」變成了表示數量級關係的「~」）。這不是偶然的，因為這一近似關係式適用於所有宇宙學常數為正，且其貢獻與普通物質可以比擬的宇宙模型。

子的經典半徑（相當於 $M \sim 10^8$ 電子伏），結果發覺宇宙半徑竟比地球到月球的距離還小得多（對物理學中能量與距離的換算比較熟悉的讀者可以用上文介紹的推算方法驗證一下包立的結果）。如上所述，量子場論適用的能量範圍顯然要比包立所假定的還高得多，許多物理學家甚至認為它可以一直延伸到量子引力效應起作用為止 —— 也就是普朗克能量。若果真如此，則 $M \sim M_p$，由此所得的宇宙學常數比觀測結果大出 120 個數量級以上！相應的宇宙半徑則在普朗克長度（約為 10^{-35} 公尺）的量級。

　　這樣荒謬的結果表明量子世界的零點能量雖在概念上支持宇宙學常數，在具體數值上卻與觀測南轅北轍。這一結果使得人們在很長一段時間內對零點能量的引力效應 —— 它對宇宙學常數的貢獻 —— 不得不採取「睜一眼閉一眼」的態度，或者乾脆予以否定。比如剛才提到過的包立就懷疑零點能量對宇宙學常數的貢獻（也難怪，誰願意生活在一個比地月系統還小的宇宙中呢），後來蘇聯物理學家雅可夫・澤爾多維奇（Yakov Zel'dovich）等人提出零點能量的最低階效應 —— 我們上面的計算 —— 對宇宙學常數沒有貢獻，真正的貢獻只能來自跟引力有關的高階效應。這些消極否定的觀點就算不是「事後諸葛」，起碼也有點「吃不到葡萄就說葡萄酸」的意味。零點能量的一些物理效應 —— 比如卡西米爾效應（Casmir effect） —— 已被實驗證實，單單否定其 —— 或其最低階效應 —— 對宇宙學常數的貢獻並不能夠令人信服，而且澤爾多維奇基於高階效應所做的計算同樣與實驗大相逕庭（雖然程度比最低階效應要輕微些）。

因此零點能初看起來給了人們一點揭開宇宙學常數之謎的希望，這點希望卻很快就像肥皂泡一樣破滅了 —— 不僅破滅了，反而產生了尖銳的矛盾。

除零點能量外，量子場論中還有一些其他效應會對真空的能量密度產生貢獻，比如粒子物理標準模型中的希格斯勢，量子色動力學（QCD）中的手徵凝聚（chiral condensation）等 [14]，這些貢獻與實驗結果的比較也有幾十個數量級的出入，同樣令人失望。

很明顯，在這些來自微觀世界的有關宇宙學常數物理起源的線索中還缺了些東西。

缺了的究竟是什麼呢？

12.5 超對稱

宇宙學常數與量子場論的零點能量之間所存在的尖銳矛盾，早年曾引起過包括波耳、海森堡和包立在內的許多著名物理學家的注意，不過在總體上並未對物理學界造成太大的困擾。這一來是因為物理學家們很清楚自己對許多東西還知道得太少，許多問題 —— 尤其是將量子與引力聯繫在一起的問題 —— 的解決時機還未成熟。二來也是因為在很長一段時間裡

14　從這個意義上講，本節的標題換成「真空能量」要比「零點能量」更準確，因為零點能量只是真空能量的一部分。不過後面我們會看到，（依照本文所介紹的理論）零點能量扮演的角色才是真正關鍵的，因此我們以它為標題。

宇宙學常數本身的名分 —— 如我們在前文中所述 —— 還不怎麼正，所謂「名不正則言不順」，大家也就沒把它太當回事。時間過去了幾十年，到了 1970 年代，情況發生了一些變化，一種新的對稱性 —— 超對稱 —— 在物理學中誕生了。

我們知道，基本粒子按照自旋的不同可分為兩大類：自旋為整數的粒子被稱為玻色子（boson），自旋為半整數的粒子被稱為費米子（fermion）。這兩類粒子的基本性質截然不同，然而超對稱卻可以將這兩類粒子聯繫起來 —— 而且是能做到這一點的唯一的對稱性。對超對稱的研究起源於 1970 年代初期，當時 P. 拉蒙（P. Ramond）、A. 奈芙（A. Neveu）、J. H. 施瓦茨（J. H. Schwarz）、J. 格維斯（J. Gervais）、B. 崎田（B. Sakita）等人在弦模型（後來演化成超弦理論）中、Y. A. 高爾方（Y. A. Gol'fand）與 E. P. 李克特曼（E. P. Likhtman）在數學物理中，分別提出了帶有超對稱色彩的簡單模型。1974 年，J. 威斯（J. Wess）和 B. 朱米諾（B. Zumino）將超對稱運用到了四維時空中，這一年通常被視為超對稱誕生的年份[15]。

在超對稱理論中，每種基本粒子都有一種被稱為超對稱夥伴（superpartner）的粒子與之匹配，超對稱夥伴的自旋與原粒子相差 1/2（也就是說玻色子的超對稱夥伴是費米子，費米子的超對稱夥伴是玻色子），兩者質量相同，各種耦合常數間也有著

15　值得注意的是，高爾方及李克特曼的工作其實已經將超對稱運用到了四維時空中，且比威斯和朱米諾的工作早了三年，可惜這一工作就像蘇聯的其他許多開創性工作一樣，鮮為西方世界所知，從而只落得個「此情可待成追憶」。

十分明確的關聯。超對稱自提出到現在已經幾十年了,在實驗上卻不僅始終未能觀測到任何一種已知粒子的超對稱夥伴,甚至於連確鑿的間接證據也沒能找到。但即便如此,超對稱在理論上的非凡魅力仍使得它在理論物理中的地位有增無減。今天幾乎在物理學的所有前沿領域中都可以看到超對稱的蹤影。一個具體的理論觀念,在完全沒有實驗支持的情況下生存了幾十年,而且生長得枝繁葉茂、花團錦簇,這在理論物理中是不多見的。它一旦被實驗證實所將引起的轟動是不言而喻的 —— 或者用史蒂文・溫伯格(Steven Weinberg,電弱交互作用的提出者之一)的話說,將是「純理論洞察力的震撼性成就」。當然反過來,它若不幸被否證,其骨牌效應也將是災難性的,理論物理的很多領域都將哀鴻遍野。

超對稱在理論上之所以有非凡魅力,其源泉之一乃是在於玻色子與費米子在物理性質上的互補。在一個超對稱理論中,這種互補性可以被巧妙地用來解決高能物理中的一些棘手問題。比如標準模型中著名的等級差問題(hierarchy problem),即為什麼在電弱統一能標與大統一或普朗克能標之間有高達十幾個數量級的差別[16]?超對稱在理論上的另一個美妙的性質是普通

---

16 這一點之所以成為問題,是因為在標準模型中希格斯玻色子質量平方的重整化修正是平方發散而非對數發散的,這種情形下希格斯場 —— 以及由希格斯場所確定的其他粒子 —— 的「自然」能標應該由大統一或普朗克能標所確定,而非比後者低十幾個數量級的實驗觀測值。不過需要提醒讀者的是,這一類的問題是所謂的「自然性」問題(naturalness problem),是現有理論顯得不夠自然的地方,而不是像實驗反例那樣無法解決的「硬傷」。

量子場論中大量的發散結果在超對稱理論中可以被超對稱夥伴的貢獻所消去，因而超對稱理論具有十分優越的重整化性質。

關於超對稱的另一個非常值得一提的特點是，它雖然沒有實驗證據，卻有一個來自大統一理論（GUT）的「理論證據」。長期以來物理學家們一直相信在很高的能量（即大統一能標，為 $10^{15} \sim 10^{16}$GeV）下，微觀世界的基本交互作用 —— 強交互作用、弱交互作用和電磁交互作用 —— 可以被統一在一個單一的規範群下，這樣的理論被稱為大統一理論。大統一理論成立的一個前提是強交互作用、弱交互作用和電磁交互作用的耦合常數在大統一能標上彼此相等，這一點在理論上是可以核驗的。但核驗的結果卻令人沮喪：在標準模型框架內，上述耦合常數在任何能標上都不會彼此相等。這表明標準模型與大統一理論的要求是不相容的，這對大統一理論是一個沉重打擊，也是對物理學家們追求統一的信念的沉重打擊。超對稱的介入給大統一理論提供了新的希望，因為計算表明，在對標準模型進行超對稱化後，那些耦合常數可以在高能下非常漂亮地匯聚到一起。這一點不僅給大統一理論提供了希望，也反過來增強了物理學家們對超對稱的信心 —— 雖然它只是一個理論證據，而且還得加上引號，因為這一「理論證據」說到底只是建立在物理學家們對大統一的信念之上才成之為證據的。

超對稱理論的出現極大地改變了理論物理的景觀，也給宇宙學常數問題的解決帶來了新的希望。

這一線希望在於玻色子與費米子的零點能量正是兩者物理性質互補的一個例子，因為玻色子的零點能量是正的，費米子的零點能量卻是負的。當然，這一點在標準模型中也成立，只不過標準模型中的玻色子與費米子參數迥異，自由度數也不同，因此這種互補性並不能對零點能量的計算造成有效的互消作用。但超對稱理論中的玻色子與費米子的參數及自由度數都是嚴格對稱的，因此兩者的零點能量將會嚴格互消——而且非獨零點能量如此，其他對真空能量有貢獻的效應也都如此。事實上，在嚴格的超對稱理論中可以證明真空的能量密度——從而宇宙學常數——為零。

　　假如時間退回到十幾年前（那時還沒有宇宙學常數不為零的確鑿證據），宇宙學常數為零不失為一個令人滿意的結果，可惜時過境遷，現在我們對這一結果卻是雙重的不滿意。因為我們現在認為宇宙學常數並不為零，因此對宇宙學常數為零的結果已不再滿意。另一方面，實驗物理學家們辛辛苦苦做了許多年的實驗，試圖發現超對稱粒子（順便拿下諾貝爾獎），結果卻一個也沒找到，因此現實世界根本就不是超對稱的，從而我們對以嚴格的超對稱理論為基礎的證明本身也並不滿意（這後一個不滿意放在十幾年前也成立）。

　　讀者可能會奇怪，既然實驗不僅未能證實，反而已經否定了超對稱，物理學家們為什麼還要研究超對稱？而且還研究得有滋有味、樂此不疲？那是因為物理學上有許多對稱性破缺機

制可以協調這一「矛盾」，一種對稱性可以在高能下存在，卻在低能下破缺。標準模型本身 —— 確切地說是其中的電弱統一理論 —— 便是運用對稱性破缺機制的一個精彩範例。物理學家們心中的超對稱也一樣，嚴格的超對稱只存在於足夠高的能量下，低能區的超對稱是破缺的。因此前面關於宇宙學常數為零的證明必須針對超對稱的破缺而加以修正。可惜的是，這一修正之下原先的雙重不滿意雖然可以消除，原先受嚴格的超對稱管束而銷聲匿跡的種種「不良」效應卻也通通捲土重來。宇宙學常數雖可以不再為零，卻又被大大地矯枉過正，可謂是「前門拒虎，後門進狼」。

那麼考慮到超對稱破缺後的宇宙學常數究竟有多大呢？這取決於超對稱在什麼能量上破缺，目前的看法是對標準模型來說超對稱的破缺應該發生在 10^{12} 電子伏（即 TeV）能區。這相當於在前面提到的零點能量密度的計算中令 $M{\sim}$TeV（因為雖然量子場論本身的適用範圍遠遠高於 TeV，但 TeV 以上的零點能量被超對稱消去了），由此所得的宇宙學常數約為 $\rho{\sim}(\text{TeV})^4/M_p^2$。這一結果比觀測值大了約 60 個數量級（由此對應的宇宙半徑在毫米量級），比不考慮超對稱時的 120 個數量級略微好些，卻也不過是「五十步笑百步」而已，兩者顯然同屬物理學上最糟糕的理論擬合之列。

連銳氣逼人的超對稱都敗下陣來了，我們還有希望嗎？後文將做進一步討論。

12.6 膜宇宙論

在前幾節中，我們介紹了宇宙學常數問題的由來及運用傳統量子場論解決這一問題所面臨的困難。這一困難隨著天文學家們對宇宙學常數的測定 —— 從而使後者的地位得以確立 —— 而變得尖銳起來。我們甚至看到連 1970 年代出現的超對稱也在初試鋒芒後，黯然敗下陣來。不過嚴格講，說超對稱敗下陣來是不確切的。因為超對稱的觀念已滲透到了現代物理的許多領域中，讓一些原本平庸的理論脫胎換骨。這種滲透之有效，有時候簡直到了點石成金、化腐朽為神奇的程度。超對稱本身的神通也因為這種滲透而得到了延伸。我們上文介紹的超對稱計算只是在最簡單的層面上使用超對稱，或者說至多不過是對標準模型進行超對稱化的結果，那樣的結果只是超對稱應用天地中一個很小的部分。在所有因超對稱而脫胎換骨的理論中最值得一提的是一個非常宏大的理論 —— 超弦理論（superstring theory）。超弦理論不僅值得一提，而且還非提不可，因為在某些物理學家眼裡，超弦理論乃是物理學的未來所繫，它在宇宙學常數問題上自然也是不可缺席的。

超弦理論是一個試圖統一自然界所有交互作用的理論，甚至乾脆被稱為萬有理論（theory of everything），它的廣度、深度及雄心由此可見。超弦理論對宇宙學的影響是多方面的，其中很重要的一個影響源自它對時空維數的要求。在超弦理論中，時空的維數變成了十維而不再是四維的。在這樣一幅時空圖景

中，我們直接觀測所及的看似廣袤無邊的宇宙不過是十維時空中的一個四維超曲面，就像薄薄的一層膜，可憐的我們就世世代代生活在這樣一層膜上，我們的宇宙論也就因此而變成了所謂的膜宇宙論（brane cosmology）。

高維時空的觀念並不是超弦理論特有的。早在 1919 年，西奧多・卡魯扎（Theodor Kaluza）就把廣義相對論推廣到了五維時空，試圖由此建立一個描述引力與電磁交互作用的統一框架；1926 年，奧斯卡・克萊因（Oskar Klein）發展了卡魯扎的理論，引進了緊化（compactification）的概念，由此建立了所謂的卡魯扎 - 克萊因理論。卡魯扎 - 克萊因理論與膜宇宙論的主要區別在於：卡魯扎 - 克萊因理論中的物質分布在所有維度上，而膜宇宙論中只有引力場、引力微子場（gravitino field —— 引力微子為引力子的超對稱夥伴）、脹子場（dilaton field）等少數與時空本身有密切關係的場分布在所有維度上，由標準模型描述的普通物質則只分布在膜上。

不僅高維時空的觀念不是超弦理論特有的，就連這種認為由標準模型描述的物質只分布在膜上而不是像卡魯扎 - 克萊因理論假定的那樣分布在整個高維時空中的觀念也早在 1980 年代初就有人從唯象理論的角度提出過了，與超弦理論無關。但是像這樣一種觀念，只憑一些唯象的考慮是不足以成為現代宇宙論的基礎的，它必須有明確的理論體系。這種理論體系隨著超弦理論的發展漸漸成為可能。1990 年代中期，在超弦理論中出

現了著名的「第二次超弦革命」，存在於不同「版本」的超弦理論之間的許多對偶性被陸續發現。在這些研究中，物理學家們注意到了，不僅不同「版本」的超弦理論之間存在著密切關聯，超弦理論與十一維超引力理論之間也存在一定的關聯[17]。受此啟發，1995 ～ 1996 年間愛德華·維騰（Edward Witten）提出了一種十一維時空中的新理論，它以十一維超引力理論為低能有效理論，並且在特定的參數條件下能夠再現物理學家們熟悉的所有「版本」的超弦理論。從這個意義上講，這種新理論可被認為是統一了所有「版本」的超弦理論。這一新理論被稱為 M 理論。在研究這種十一維超引力理論及 M 理論時，由於超弦理論中的規範場只存在於十維時空中，因此很自然地出現了規範場只存在於十一維時空中的超曲面上的觀點，這便是膜宇宙論思想在超弦理論中的出現，最初是由彼得·霍扎瓦（Peter Horava）與維騰等人提出的。

　　超弦理論與膜宇宙論的出現讓物理學家們的思路越出了四維時空的羈絆，為宇宙學常數問題的研究提供了一個全新視角。從這個全新視角中我們能看到什麼新的東西呢？讓我們先回顧一下上一節提到過的，試圖用超對稱解決宇宙學常數問題的主要推理步驟：

17　比方說 IIA 及 $E_8 \times E_8$ 型超弦理論在強耦合極限下均具有十一維超引力理論的特徵。

超對稱在TeV量級上破缺

↓

宇宙學常數比觀測值大60個數量級

↓

宇宙半徑在毫米量級

　　上述推理中，對超對稱破缺能標的估計來自於對現有高能物理實驗與理論的綜合分析，顯著調低該能標將與未能觀測到超對稱粒子這一基本實驗事實相矛盾，而調高該能標只會使宇宙學常數的計算值變得更大，從而更偏離觀測值；從超對稱破缺能標到宇宙學常數的計算依據的是量子場論；而從宇宙學常數到宇宙半徑 —— 確切地說是宇宙的空間曲率半徑 —— 的計算依據的則是廣義相對論。這些理論在上述計算所涉及的條件下都是適用的，因此整個推理看上去並沒有明顯漏洞。

　　但是從膜宇宙論的角度看，上述推理卻隱含著一個很大的額外假設！正所謂「不識廬山真面目，只緣身在此山中」。

　　這個額外假設出現在最後一步推理中。從宇宙學常數到宇宙的空間曲率半徑的計算依據的確實是廣義相對論，但問題是：我們談論的究竟是哪一部分空間的曲率呢？想到了這一點，我們就不難發現上述推理隱含的額外假設乃是：由宇宙學常數所導致的曲率出現在我們的**觀測宇宙**中。這原本不是問題，因為長期以來，宇宙學中的空間不言而喻就是我們觀測到的三維空間，任何曲率或曲率半徑當然也是針對這個三維空間。但在膜宇宙論中空間共有九維或十維之多，情況就大不相同了，假

如由宇宙學常數所導致的曲率只出現在觀測宇宙以外的維度中，豈不就沒有問題了嗎？要知道一個均勻的背景能量動量分布 —— 宇宙學常數 —— 本身並不是問題，由此而導致的可觀測的曲率效應才是問題的真正所在[18]。因此假如由宇宙學常數所導致的曲率果真只出現在觀測宇宙以外的維度中，宇宙學常數問題中最尖銳的部分 —— 與觀測之間的矛盾 —— 也就冰消雪釋了。

那麼，在膜宇宙論中，由宇宙學常數所導致的曲率果真有可能只出現在觀測宇宙以外的維度中嗎？

12.7 宇宙七巧板

對這一問題的研究遠在膜宇宙論思想出現於超弦理論之前就已經有了一些結果。

1983 年，V. A. 魯巴科（V. A. Rubakov）和 M. E. 沙波什尼科夫（M. E. Shaposhnikov）發現，在高維時空的廣義相對論中存在某種機制，可以使宇宙學常數所導致的曲率只出現在觀測宇宙以外的維度中。1999 年，E. 弗爾林德（E. Verlinde）與 H. 弗爾林德（H. Verlinde）在膜宇宙論中同樣發現了這樣的機制。這些研究表明，由宇宙學常數所導致的曲率只出現在觀測宇宙以外的

18　一個均勻的背景能量動量分布在引力以外的領域中並不構成困難，因為這樣一種能量動量分布的物理效應基本上都互相抵消了。殘餘的效應 —— 比如卡西米爾效應、狄拉克真空中的電子對產生等 —— 則已被實驗觀測到。

維度中，在理論上是可能的。

　　既然這是可能的，那麼在膜宇宙論中，宇宙學常數與可觀測宇宙的半徑之間就不再有直接的對應關係了。特別是，宇宙學常數完全可以很大 —— 如我們在上文中計算過的那麼大，宇宙半徑卻不一定要很小 —— 不必像前面計算過的那麼小，甚至完全有可能如觀測到的那麼大。正是這一全新的可能，為解決量子場論所預言的巨大的宇宙學常數與觀測所發現的巨大的宇宙半徑之間的矛盾開啟了一扇新的門戶。在膜宇宙論中，我們把對膜 —— 可觀測宇宙 —— 的曲率有貢獻的那部分宇宙學常數稱為「膜上的四維有效宇宙學常數」，簡稱為「有效宇宙學常數」。運用這一術語，由宇宙學常數所導致的曲率只出現在觀測宇宙以外的情形可以表述為：有效宇宙學常數為零；而膜宇宙論解決宇宙學常數問題的基本思路可以表述為：雖然宇宙學常數很大，但有效宇宙學常數很小。

　　但上面提到的那些導致有效宇宙學常數為零或很小的機制有一個不盡如人意的地方，那就是它有賴於參數之間極其精密的匹配，即所謂的微調（fine-tunning）。這種微調只要稍有破壞，可觀測宇宙的曲率就將大大高於觀測值。從這個意義上講上述機制雖然原則上可能，卻面臨著自然性問題，即無法解釋為什麼參數之間會存在如此精密的匹配。

　　2000 年到 2001 年間，歐洲核子研究中心（CERN）的物理學家克里斯多夫・施米德胡貝爾（Christof Schmidhuber）提出了一

組非常精彩的觀點，既為解決上述機制中的自然性問題提供了一種思路，也為解釋有效宇宙學常數雖然很小卻不為零這一觀測結果提供了一種可能的解釋[19]。這組觀點便是本節所要介紹的內容。

在上文中我們提到過，在可觀測宇宙中（即膜上），超對稱——如果存在的話——應當在 TeV 能標上破缺，這一點在膜宇宙論中是一個需要滿足的邊界條件。施米德胡貝爾提出了一個猜測，他猜測在超弦理論——確切地講是高維超引力理論——中存在這樣一種膜宇宙論解：膜上的超對稱在 TeV 能標上破缺，而與之相隔一個過渡距離並且與之平行的其他四維超曲面上的超對稱——高維超引力理論中的超對稱——是嚴格的。這樣的解如果存在的話，那麼在那些與膜平行的其他四維超曲面上由於存在嚴格的超對稱，有效宇宙學常數為零，從而時空是平坦的——確切地講是里奇平坦（Ricci-flat）的，即 $R^{(4)}_{\mu\nu} = 0$。將這種在膜以外的、由超對稱所要求的平坦時空與膜上的時空相銜接，就可以自然地選出膜上的平坦時空解（即膜上的有效宇宙學常數為零的解）。這樣就避免了原先的微調問題。

但這裡還有一個問題需要解決。前面提到，在膜宇宙論中由標準模型描述的普通物質只分布在膜上，但是引力場不在

---

19 寫到這裡順便提一下，在文獻中對宇宙學常數問題有所謂的第一與第二之分，第一宇宙學常數問題（the first cosmological constant problem）為：為什麼宇宙學常數為零？這是早期的宇宙學常數問題；第二宇宙學常數問題（the second cosmological constant problem）為：為什麼宇宙學常數很小但不為零？這是目前我們所面臨的宇宙學常數問題。

此列，引力場存在於整個高維時空中，由超引力理論所描述。這一超引力理論中的零點能對整個時空的曲率都有貢獻。因此在膜宇宙論中，膜上的有效宇宙學常數取決於超引力理論中的零點能。如果超引力理論中的超對稱 —— 如上面的猜測所說 —— 是嚴格的，那麼這種零點能為零，有效宇宙學常數也就為零，這與觀測並不一致。為了解決這一問題，施米德胡貝爾對他的猜測做了一點修正，把超引力理論中的超對稱由嚴格的修正為在一個很低的能標 T 上破缺，這樣既不妨礙在定性上用超對稱取代微調，又可以得到與觀測相吻合的宇宙學常數。

那麼為了產生與觀測相一致的有效宇宙學常數，這個能標 T 該是多少呢？這一點我們在前文其實已經計算過了：在 12.4 節中我們曾提到，要想讓普通量子場論中的零點能量與觀測到的有效宇宙學常數相一致，量子場論所適用的能量上限 M 必須在 meV（即 10^{-3}eV）的量級，即 $M\sim10^{-3}$eV；而在 12.5 節中計算超對稱標準模型下的宇宙學常數時我們又提到，如果一個超對稱理論的超對稱在能標 T 上破缺，那麼計算由該理論的零點能量所給出的宇宙學常數時，只需將量子場論所適用的能量上限 M 改成超對稱破缺的能標 T 即可（因為在 T 以上的零點能被超對稱消去了）。因此為了與觀測到的有效宇宙學常數相一致，超引力理論中的超對稱破缺的能標為 $T\sim10^{-3}$eV，即超引力理論中的超對稱在 meV 的量級上破缺。

至此，施米德胡貝爾的理論既解決了舊機制中的微調問

題，又提供了與觀測大體一致的有效宇宙學常數，憑這兩點，它就已經算得上是一種頗有新意的理論。但僅憑這些還不足以讓我讚歎。因為這樣的一個理論就像是一副散亂放置的七巧板，雖然每一塊都不錯、都有用處 —— 比如膜上的超對稱在 TeV 能標上破缺是為了與現有的高能物理實驗及理論相適應；膜以外（即超引力理論中）的超對稱破缺是為了解決微調問題；該超對稱的破缺能標在 meV 量級上則是為了與有效宇宙學常數的觀測結果相一致，但這些形形色色的板塊之間還缺乏足夠的關聯，這樣的理論顯得過於鬆散，過於特殊。比方說我們要問為什麼超引力理論中的超對稱會破缺？為什麼膜上的超對稱在 TeV 能標上破缺而超引力理論中的超對稱卻在 meV 能標上破缺？物理學乃至科學在本質上是一種追求對自然現象邏輯上最簡單描述的努力，正如愛因斯坦所說的：「一個偵探故事，如果把奇案都解釋為偶然，那它看起來就不夠好。」一個宇宙學常數理論也一樣，如果為需要解釋的每一個觀測事實都引進一個獨立假設，那它看起來也就不夠好。

一副七巧板的魅力在於能夠拼合，我們手上這副宇宙七巧板能夠拼合在一起，拼出一幅協調而美麗的畫面嗎？

這些問題在現階段當然還沒有完整的答案。但施米德胡貝爾的理論中卻有一條非常精彩的紐帶，把幾條為了不同目的而引進的線索擰在一起，給出了部分答案。雖談不上將宇宙七巧板拼成了圖案，卻也令人刮目相看。這條紐帶就是膜上的超

對稱破缺與超引力理論中的超對稱破缺之間的關聯。這種關聯之所以存在，是因為超引力理論中的波函數與膜之間存在著重疊。因為這種重疊，膜上的超對稱破缺能夠對超引力理論產生影響，使後者的超對稱也出現破缺，這兩種超對稱破缺的能標之間存在一個明確的關係：

$$M_{SG} = \frac{M_{SUSY}^2}{M_p}$$

其中 M_{SG} 為超引力理論中的超對稱破缺的能標，M_{SUSY} 為膜上——標準模型中——的超對稱破缺的能標[20]。不難驗證，$M_{SG}\sim$meV 與 $M_{SUSY}\sim$TeV 恰好滿足這一關係式！這就是說，超引力理論中的超對稱在 meV 能標上破缺並不是僅僅為了解釋有效宇宙學常數的觀測值而引進的獨立假設，它是標準模型——膜上——的超對稱在 TeV 能標上破缺所導致的自然推論。這兩種超對稱破缺的關聯也可以反過來看，即為了解釋有效宇宙學常數的觀測值而引進的超引力理論中的超對稱破缺，可以在膜上誘導出標準模型中的超對稱破缺，從而預言超對稱粒子的質量！

施米德胡貝爾的理論正是因為有了這樣的一條紐帶而具有了獨特魅力。

---

20 這一關係式與超對稱破缺的兩種主要機制之一——引力傳導超對稱破缺（gravity-mediated supersymmetry breaking）——中的關係式是一樣的。

12.8 結語

　　以上便是對施米德胡貝爾在膜宇宙論框架中提出的宇宙學常數新理論的一個簡單介紹。現在讓我們回過頭來，看看我們在 12.3 節末尾所提的那些關於宇宙學常數的問題。在施米德胡貝爾的理論中，我們可以這樣來回答那些問題：

⊙ 宇宙學常數的物理起源何在？

　　答：宇宙學常數起源於量子場的零點能量，有效宇宙學常數起源於其中的超引力理論中的零點能量。

⊙ 它為什麼取今天這樣的數值？

　　答：因為標準模型中的超對稱在 TeV 能標上破缺，由此導致超引力理論中的超對稱在 meV 能標上破缺，這決定了我們所觀測到的宇宙學常數 —— 即有效宇宙學常數 —— 的數值。

⊙ 占目前宇宙能量密度 70% 的暗能量究竟又是由什麼組成的？

　　答：暗能量是由引力子、引力微子及其他與時空本身密切相關的場的零點能量組成的。

　　應該說，這些回答不能算是很令人滿意的，比方說對第二個問題的回答以標準模型中的超對稱在 TeV 能標上破缺為前提，這一點本身就未必成立。但是在現階段能夠有這樣的回答已屬難能可貴。

在我們即將結束本文的時候，需要再次提醒讀者的是，本文所介紹的施米德胡貝爾的理論只是一個「小眾報告」，也就是說這並非主流理論。事實上，在宇宙學常數問題上目前還不存在任何稱得上是主流的理論。這並不奇怪，因為對宇宙學常數的數值，直到最近這些年我們才有了比較具體的結果，因而目前這一領域的所有理論無一例外都是高度猜測性的，都是很初級的，並且都是有明顯缺陷的。以施米德胡貝爾的理論為例，它最直接的缺陷就在於還沒有找到如施米德胡貝爾所猜測的膜上的超對稱在 TeV 能標上破缺、膜外的超對稱在 meV 能標上破缺的解，或關於這種解的存在性證明。目前已經知道的是，這樣的解在五維時空中是不存在的，因此施米德胡貝爾理論中的時空起碼要有六維 [21]。

另一方面，施米德胡貝爾理論（以及其他類似的膜宇宙理論）把由標準模型描述的普通物質的零點能量所引起的曲率歸結到膜以外的高維時空中，這雖然解了燃眉之急，卻並不能一勞永逸地消除那些零點能量的影響。在上文中我們提到，如果標準模型的超對稱在 TeV 能標上破缺，那麼由標準模型的零點能量所導致的宇宙半徑在毫米量級。這一半徑在施米德胡貝爾理論中變成了膜以外的若干個維度的緊致半徑。但由於引力交互作用與所有的維度都有關，這種緊致半徑在毫米量級的額外維

21　由於超弦理論的時空有十維之多，因此施米德胡貝爾的理論對時空維數的要求還不至於造成困難，但在五維時空中不存在這樣的解表明，解的存在性遠不是可以想當然地予以假定的。

度的存在會對我們所在的四維時空中 ── 膜上 ── 的引力定律產生影響，導致牛頓引力常數與距離有關。這一點，使得我們原則上可以對施米德胡貝爾的理論（以及其他類似的膜宇宙理論）進行實驗檢驗。倘若牛頓引力常數在小到 10 微米的尺度上仍沒有顯示出距離相關性，那麼施米德胡貝爾的理論（以及其他類似的膜宇宙理論）就會被實驗所否決。

除了上面這幾點外，施米德胡貝爾理論的成立還有賴於像超對稱、超弦、膜宇宙論這樣一些目前還沒有得到實驗驗證的物理理論，這本身也是巨大的不定因素。另外一個不容忽視的問題是，我們在本文中所做的全部數值計算都是十分粗略的，忽略了所有數量級較小的常數因子，這些因子的累計效果完全有可能使我們的計算偏離幾十倍甚至更多，因此我們看到的那些數值擬合的精彩結果完全有可能只是粗略計算下的海市蜃樓。

但儘管如此，我個人還是很欣賞施米德胡貝爾的理論。這一理論當然完全有可能是錯誤的 ── 事實上，不僅有可能，而且可能性還很大。因為在前沿物理理論的框架內對宇宙學常數的深入研究還處在襁褓階段，在這樣一個階段最可能出現的情形就是許多理論爭奇鬥豔，其中卻沒有一個是足夠接近正確的 ── 就像三國時期，群雄並起逐鹿天下，到頭來卻都在狼煙中消逝，趕早場的人誰也沒能奪得天下。不過我覺得施米德胡貝爾的理論有著恢宏的背景、精巧的構思，頗能給人以啟迪。物理學上真正偉大的理論終究是少數，一個理論只要能給人以

啟迪，也就不枉了它被學術界所認識。當我第一次讀到施米德胡貝爾的文章時，就萌生了將這一理論介紹給國內讀者的想法，現在這一想法終於付諸現實了。但願這篇文章能讓部分讀者對宇宙學常數問題產生興趣。

參考文獻

[1]　BAGGER J A. Supersymmetry, Supergravity and Supercolliders - TASI 97[J]. World Scientific, 1999.

[2]　BRAX P, VAN DE BRUCK C. Cosmology and Brane Worlds：A Review[J]. Class. Quant. Grav, 2003, 20, R201-R232.

[3]　DOLGOV A D. Cosmology at the Turn of Centuries, hep-ph/0306200.

[4]　KOLB E W, TURNER M S. The Early Universe[J]. Addison-Wesley Publishing Company, 1990.

[5]　PADMANABHAN T. Cosmological Constant - the Weight of the Vacuum[J]. Phys. Rept, 2003, 380, 235.

[6]　SCHMIDHUBER C. Micrometer Gravitinos and the Cosmological Constant[J]. Nucl. Phys. B, 2000, 585(1-2)：385-394.

[7]　SCHMIDHUBER C. Brane Supersymmetry Breaking and the Cosmological Constant：Open Problems[J]. Nucl. Phys. B619, 603, 2001. ntific, 1999.

[8]　STRAUMANN N. The History of the Cosmological Constant Problem[J]. Physics, 2002, 77(10)：389-402.

[9]　WEINBERG S. The Quantum Theory of Fields（Ⅲ）[M]. Cambridge：Cambridge University Press, 2000.

13

行星俱樂部的新章程 [22]

太陽系有九大行星，這是每一位小學生都知道的天文事實。太陽系上一個行星的發現，是在 1930 年。那一年美國天文學家克萊德·湯博（Clyde Tombaugh, 1906 ～ 1997）發現了冥王星（Pluto）。自那以來，太陽系的行星數目一直沒有改變過，但天文學家們對冥王星的行星身分卻一直有爭議。

產生爭議的主要原因是冥王星實在太「輕」，它的質量不僅遠比其他八個行星都小，甚至比月球還小得多。在太陽系中，質量比冥王星大的衛星就有七個之多。一個比許多衛星還小的天體是否該被稱為行星？這是爭議的緣起。不過冥王星的質量雖小，在直接環繞太陽運動的天體中終究還是排行第九，而且比排在第十的穀神星（Ceres）大了十幾倍 [23]，更何況冥王星占據行星寶座幾十年，早已約定俗成。因此爭議歸爭議，九大行星的稱謂一直延續了下來。

但是自 1990 年代以來，天文學家們在太陽系邊緣的一個稱

22　本文曾於 2006 年 8 月 28 日發表，發表稿的標題被改為《冥王星落選記》，內容亦有改動，此處收錄的是原稿。

23　穀神星是太陽系中最大的小行星。

為柯伊伯帶（Kuiper belt）的區域中發現了許多新天體，其中某些較大的新天體直逼冥王星的大小 [24]。2005 年，幾位美國天文學家在排查一年多前的觀測資料時發現了這類天體中迄今所知最大的一個。這一天體被編號為 2003 UB_{313}。據初步測定，2003 UB_{313} 的質量與直徑均比冥王星略大。

2003 UB_{313} 的發現立即引發了新一輪的行星定義之爭。因為 2003 UB_{313} 既然比冥王星還大，我們顯然沒有理由不把它稱為行星（事實上，許多媒體已經早早地為這一天體冠上了「第十大行星」的美譽）。反過來，如果我們不把 2003 UB_{313} 稱為行星，那麼冥王星的行星資格也應該被剝奪。無論哪一種觀點，都對有著 76 年歷史的太陽系九大行星格局構成了嚴重挑戰。

另一方面，除了太陽系的新成員外，自 1990 年代以來，天文學家們在其他恆星周圍也發現了行星，截至目前，那樣的行星數量已超過了 200，並且還在快速增加。所有這些發現，都使得行星這一概念遠遠超出了長期約定俗成的範圍。因此，提出一個合理的行星定義，不僅是解決太陽系新天體「身分問題」的需要，也有助於我們對太陽系以外的類似天體進行分類。有鑒於此，國際天文學聯合會（International Astronomical Union）在過去兩年裡一直在醞釀一個新的行星定義，並於 2006 年 8 月 16 日公布了一份定義草案。

24　柯伊伯帶是太陽系邊緣從海王星軌道延伸至大約 55 天文單位處的一個區域，廣義地講，也包括更遙遠的所謂離散盤（scattered disk）。

按照這份草案，一個繞恆星運轉的天體要成為行星必須具備幾個條件。首先，行星的內部不能有像恆星內部那樣的熱核反應，這是行星與恆星的本質區別。這一條件要求行星的質量不能太大，太陽系裡除太陽以外的所有天體都很好地滿足這一條件[25]。其次，我們不想把環繞太陽運動的每一塊隕石都當作行星，因此行星的質量也不能太小。但什麼樣的質量才不算「太小」呢？草案採用了一個非常聰明的方法來界定。我們知道，所有行星的形狀都很接近球形，這是因為當行星表面的不規則性——比如山峰——大到一定程度後，會因物質的剛性（rigidity）無法支撐自身的重量而坍塌。行星的質量越大，引力越強，這種效應就越顯著，而許多小行星或小衛星之所以具有不規則的外形，就是因為質量太小，從而引力太弱。受此啟發，新定義把星體在自身引力作用下成為球形，作為確定行星質量下界的自然標準。研究表明，這樣定義的質量下界大約是 5×10^{20} 公斤，相當於冥王星質量的 $1/25$[26]。

　　因此，按照這一草案，冥王星依然是行星，2003 UB_{313} 也將輕鬆獲得行星俱樂部的入場券。不僅如此，在小行星世界裡當了兩百多年「老大」的穀神星也將一步登天，成為行星（穀神星

25　在研究太陽系以外的行星時，會遇到行星與棕矮星（brown dwarf）的區分問題，此次的行星定義沒有涉及這一問題。

26　與這一質量相對應的天體直徑約為數百公里，具體數值跟星體的物質有關，無法一概而論，對質量接近這一下界的天體需個案分析。另外要注意的是，只有在自身引力作用下成為球形的天體才被認為是滿足這一條的，質量很小，但碰巧是球形的大體不在其列。

的質量約為 9.5×10^{20} 公斤，接近上述質量下界的兩倍）。

有讀者可能會問：既然連穀神星都可以當行星，那麼我們的月球──質量比穀神星大 70 多倍，甚至比冥王星和 2003 UB$_{313}$ 還大的月球──是不是也可以榮升為行星呢？答案是否定的。因為除質量外，行星定義還有一個顯而易見的組成部分，那就是行星必須不是衛星，也就是說它不能圍繞其他行星運動。月球不滿足這一要求，因此不能升格為行星。

應該說，上述草案有一個很大的優點，那就是採用了盡可能自然的標準，比如透過引力效應來定義質量下界，而不是人為規定一個數值。儘管如此，草案還是一公布就遭到了激烈反對。因為按照這份草案，太陽系的行星數目將會很快出現戲劇性的增長。除 2003 UB$_{313}$ 外，在柯伊伯帶上還有許多其他天體將會滿足草案的要求，雖然它們此次未被提名。此外，小行星帶上除穀神星外還有幾顆較大的小行星也可能滿足草案的要求。據某些天文學家的估計，滿足草案要求的太陽系行星數目最終可能會達到幾百。顯然，如此龐大的行星隊伍不僅與人們對行星的傳統理解脫節，也會削弱行星這一概念的有效性與方便性。因此，在經過幾天的激烈爭論後，天文學家們在上述草案的基礎上又增加了一項要求：行星必須「掃清了自己軌道附近的區域」（has cleared the neighbourhood around its orbit）[27]。也

---

27 與其他各條相比，這一條稍顯人為，因為什麼叫做「軌道附近的區域」？什麼叫做「掃清」？都沒有很自然的標準。從國際天文學聯合會對新定義的討論過程及此前出現的幾篇相關論文來看，「掃清」一詞指的是行星在其軌道附近的區域中

就是說，在行星的軌道附近必須不存在質量與之相當的其他天體。這一條大體上也是一個質量條件，質量越大的天體掃清軌道的能力通常就越強。這一條對太陽系的其他八大行星都不成問題，但冥王星卻不滿足。因為冥王星的軌道與海王星及柯伊伯帶上的許多大型天體的軌道都有交錯，它的軌道區域顯然沒有掃清。

就這樣，可憐的冥王星失去了坐了 76 年之久的行星寶座，太陽系的行星只剩下八個。同時遭遇不幸的還有差點就看到曙光的穀神星和半路夭折的「第十大行星」2003 UB$_{313}$。大文學家們為這些滿足其他條件，但沒能掃清自己軌道區域的天體設立了安慰獎，叫做矮行星（dwarf planet）。穀神星、冥王星及 2003 UB$_{313}$ 成為太陽系的第一批矮行星 [28]。至於圍繞太陽運動的更小的非衛星天體，則被稱為太陽系小天體（small solar system bodies）[29]。

上述定義已於 2006 年 8 月 24 日由國際天文學聯合會投票透過，正式成為行星俱樂部的新章程。

處於支配性（dominant）地位。對太陽系來說，判定這一點恰好沒什麼困難，但對於更普遍的情形，這一條也許會需要進一步界定。

[28] 國際天文學聯合會在最初提出的草案中曾對衛星作過定義，要求衛星與行星的質心位於行星內部，並據此將冥王星的衛星卡戎（Charon）由衛星提升為行星（因為卡戎與冥王星的質心位於冥王星之外）。但在與新定義同一天公布的第一批矮行星名單中卻沒有包括卡戎，看來這一衛星定義已被放棄或擱置，卡戎暫時恢復了衛星身分（只不過它現在變成了矮行星的衛星）。

[29] 「太陽系」一詞的使用表明此次給出的定義只針對太陽系，雖然這一定義除第 142 頁注①提到的問題外，並不依賴於太陽系特有的性質。

14

歐特雲和太陽系的邊界

14.1 為什麼說歐特雲是裝滿了彗星的「大倉庫」？

　　在茫茫宇宙之中，太陽系是我們的家園，是我們探索宇宙奧祕的第一站，也是整個宇宙中我們最熟悉的部分。如果說在太陽系中還有一個隱祕的部分，它包含了數以萬億計的天體，其主體部分卻不僅從未被觀測到過，甚至在可預見得到的將來都很難被直接觀測到，這似乎有些令人難以置信。

　　但這很可能是事實，那個隱祕的部分叫做歐特雲。

　　有讀者也許會問：既然是隱祕的部分，我們是怎麼知道它存在的呢？答案是：依靠推測。不過，在推測的背後有一條觀測上的線索，那就是彗星。

　　天文學家們把彗星分為兩類：軌道週期在兩百年以下的稱為短週期彗星，軌道週期在兩百年以上的稱為長週期彗星。長週期彗星的軌道往往能延伸到離太陽幾萬甚至十幾萬天文單位

處。1950 年，荷蘭天文學家歐特在對幾百顆長週期彗星的軌道進行分析之後，提出了一個大膽的設想。他認為在距太陽幾萬至十幾萬天文單位處存在大量的小天體，它們是長週期彗星的源泉，它們若碰巧進入內太陽系，就會成為長週期彗星。

由那些小天體構成的就是歐特雲。由於那些小天體是長週期彗星的源泉，因此歐特雲就像是一個裝滿彗星的「大倉庫」。

科學人

揚·歐特（Jan Oort）：荷蘭天文學家，出生於 1900 年 4 月 28 日。歐特一生最廣為人知的工作是 1950 年提出的有關歐特雲的猜測。不過，歐特雲雖然以他的名字命名，類似的猜測其實早在 1932 年就由愛沙尼亞天文學家恩斯特·奧匹克（Ernst Öpik）提出過，而且歐特的猜測在一些細節上也並不正確。歐特傾注了更大心力的工作是在無線電天文學領域。

歐特於 1992 年 11 月 5 日去世，享年 92 歲。

那麼，「大倉庫」裡究竟有多少小天體呢？據估計約有幾萬億個。不過，這個巨大的數字與歐特雲所占據的廣袤空間相比，仍少得可憐。如果有太空飛行器穿越它的話，很可能不會有機會接近任何一個小天體。遠離太陽造成的寒冷和黯淡，使得歐特雲的主體部分極難被直接觀測到。

但個別歐特雲天體仍有可能運動到離我們較近的地方，從而被觀測到。長週期彗星本身就是很好的例子。已被觀測到的某些其他天體也有可能是屬於歐特雲的。比如 2003 年發現的，

遠日點距離九百多天文單位（比海王星距太陽還遠三十多倍）的賽德娜，就被認為有可能是屬於歐特雲 —— 確切地說是屬於後續研究者提出的所謂內歐特雲。甚至連很多人肉眼都看到過的天體 —— 哈雷彗星 —— 也被認為有可能曾經是一顆長週期彗星（即來自歐特雲），後來因為巨行星的引力干擾才成為短週期彗星的。

14.2 太陽系的邊界在哪裡？

「太陽系的邊界在哪裡？」是一個既值得探索也值得回味的問題。它之成為問題，本身就是天文學上的一次重大觀念變革 —— 日心說取代地心說 —— 的結果。因為只有確立了日心說，才有太陽系這一稱謂，也才談得上「太陽系的邊界在哪裡？」這一問題。

如果簡單地以 1543 年哥白尼發表《天體運行論》作為日心說被確立的年份，那麼「太陽系的邊界在哪裡？」這一問題最初 238 年的答案，是在距太陽約 9.6 天文單位（約 14 億公里）的土星。這一答案在 1781 年被英國天文學家赫歇爾（Frederick Herschel）發現的太陽系第七顆行星 —— 天王星 —— 所改變。那一年，太陽系的邊界被擴展到了距太陽約 19 天文單位（約 29 億公里）處。

天王星被發現後，天文學家們對它的軌道進行了計算。出乎意料的是，計算結果與觀測並不吻合。在排除了其他可能性

之後，天文學家們將這一惱人的現象歸結為一顆新行星對天王星的引力干擾。經過艱辛的計算，英國天文學家約翰·柯西·亞當斯（John Couch Adams）和法國天文學家於爾班·勒維耶（Urbain Le Verrier）先後推算出了新行星的軌道。1846 年，柏林天文臺的天文學家約翰·加勒（Johann Galle）和羅雷爾·路德威·德亞瑞司特（Heinrich Louis d'Arrest）依據勒維耶的推算結果，成功地發現了太陽系的第八顆行星——海王星，太陽系的邊界由此擴展到了距太陽約 30 天文單位（約 45 億公里）處。

在那之後又隔了大半個世紀，1930 年，美國羅威爾天文臺的天文學家湯博發現了一顆比海王星更遙遠的太陽系天體——冥王星。這顆一度被視為太陽系第九大行星，2006 年才被「降級」為矮行星的天體，將太陽系的邊界擴展到了距太陽約 39 天文單位（約 59 億公里）處。對於如今比較年長的天文愛好者來說，這很可能是自童年起就爛熟於心的太陽系的邊界。

小博士

人類對太陽系邊界的探索與觀測技術的發展是分不開的。最早的時候，人們能借助的只有自己的肉眼。水星、金星、火星、木星和土星就是用肉眼發現的。17 世紀初，人們發明了望遠鏡，從而開啟了發現更遙遠（從而往往也更黯淡）天體的大門。天王星和海王星的發現就借助了望遠鏡的威力。再往後，人們又將照相技術與望遠鏡結合在一起，並且發明了像閃爍比對器（Blink comparator）那樣特別適用於搜尋運動天體的儀器。利用這些新興的觀測技術，人們陸續發現了冥王星、柯伊伯帶天體，以及某些

最內側的歐特雲天體。

　　但冥王星的發現並未終結探索太陽系邊界的努力。1940 年代之後，幾位天文學家先後提出了一個想法，那就是在像冥王星那樣遠離太陽的地方，行星的形成過程會因物質分布過於稀疏而無法進行到底，其結果是在距太陽 30 ～ 55 天文單位（45 億～ 83 億公里）處形成一個由「半成品」組成的小天體帶。這個小天體帶被稱為柯伊伯帶。自 1992 年起，柯伊伯帶中的天體開始被陸續發現，它們的分布範圍比原先估計的更廣。柯伊伯帶的發現使太陽系的邊界又向外擴展了好幾倍。

但這仍然不是太陽系的邊界。因為天文學家們普遍猜測，在距太陽更遙遠的地方有可能存在一個長週期彗星的「大倉庫」──歐特雲，它的範圍有可能延伸到距太陽約 150,000 天文單位（約 225,000 億公里）處。這幾乎已經到達了太陽引力控制範圍的最邊緣，在那之外即便還有天體，也不會像普通太陽系天體那樣圍繞太陽運動，從而不能再被視為太陽系的一部分了。因此，歐特雲如果存在，並具有猜測中的範圍的話，它的外邊緣無疑就是太陽系的邊界了。那個邊界離太陽是如此遙遠，哪怕一縷陽光要從太陽射到那裡，也得走上兩年左右的時間。如果乘坐時速 350 公里的高速火車的話，則要花費約 700 萬年的漫長時間！

第四部分

其他

15

關於牛頓的神學告白

眾所周知，宗教在西方社會中存在了極漫長的時間，一度甚至是具有主宰性的力量，直至今日依然擁有強大的影響力。宗教對西方社會的滲透遍及各個層面（**包括語言**），且極其深入。在這種背景下，人們可以很容易地在科學家 —— 尤其是早期科學家，比如牛頓 —— 的言論中找到虔誠的神學告白。這其中既有對神的一般性的頌揚，也有直截了當把自己的研究動機歸為對神的信仰的。這些言論理所當然地被宗教信徒們視為是宗教對科學曾經有過重大貢獻的證據。

如果包括牛頓在內的那些作過神學告白的科學家的科學貢獻可以因此而歸功於宗教的話，那麼即便把宗教法庭在歷史上所有迫害科學的罪惡加在一起，也未必能蓋過那些貢獻。由此得到的結論將是宗教對科學的發展功大於過。

那麼，究竟該如何看待那些科學家的神學告白 —— 尤其是：它們是否足以作為宗教對科學有過重大貢獻的理由？

　有人可能要問：既然那些科學家自己都承認了，還有什麼可討論的？我們之所以要討論，是因為一個人完全可以在口頭上 —— **甚至心裡面也自以為** —— 信奉某種東西，實質上卻**用完全不同的方法做事情**。比如民間「科學家」，他們大都聲稱 —— 甚至心裡面也自以為 —— 是在追求科學，實質上卻在用非科學的方法做「研究」，我們不會因為他們自稱是在追求科學，就把他們「研究」出來的東西當作科學，或把他們的失敗當成是科學方法的失敗。同樣的道理，歷史上那些作過神學告白的科學家雖聲稱信奉宗教，聲稱把自己的一切都歸功於神，但

如果他們真正流傳後世，被我們稱為科學成就的那些東西是用與宗教原則背道而馳的方法得到的，那我們就沒有理由把那些東西視為宗教的果實，或當作宗教對科學的貢獻。

因此，要弄清宗教對那些科學家──從而對科學──是否有貢獻，關鍵在於分清什麼是宗教所具有的基本特徵，什麼又是包括那些科學家的科學貢獻在內的科學所具有的基本特徵。如果兩者基本一致，那麼在找到反證之前，我們將認同那些科學家的神學告白，以及宗教信徒們對之所做的解讀；反之，如果兩者背道而馳，那麼無論那些科學家的神學告白聽起來多麼虔誠，我們也無法從中得出宗教對他們的科學研究──從而對科學──有重大貢獻的結論。在這種情況下，他們的神學告白只不過是沿用了與宗教相同的語言體系而已，這在語言本身飽受宗教浸滲的歷史背景下是毫不足為奇的。

那麼，宗教的基本特徵是什麼呢？我們知道，在人類文明的早期，產生有關神的傳說是一種具有普遍性的文化現象，從這個意義上講，在早期社會中幾乎人人都或多或少地信仰某種類型的超越凡間力量的神。但那種原始信仰並非我們所討論的那些在歷史上殘酷鎮壓科學，而今又試圖標榜自己對科學的貢獻，從科學中攫取榮譽的宗教，後者遠非只是簡單地相信一種超越凡間的力量，它具有十分具體的教義，並且具有強大而系統的組織來維護教義。這種宗教的基本特徵就在於對其教義的神聖化，以及要求教徒對教義的絕對尊崇，這是它統治教眾的

基礎。

另一方面，科學 —— 即使是牛頓甚至伽利略時期的科學 —— 的最基本特徵是尊重實驗、尊重推理。這與宗教所推崇的教義的神聖性以及教徒對教義的絕對尊崇在本質上是相互衝突的。即使那些科學家本人聲稱他們是要用科學的方式來證實神的偉大，也無法改變這種衝突的實質。因為對實驗與推理的尊重將無可避免地把宗教教義推到一個可以被檢驗，從而可能被證偽的舞台上，這並不是宗教所能接受，也不是教廷所能認可 —— 更遑論推薦與支持 —— 的原則。宗教對信徒的要求本質上是盲信、盲從，而科學所追求的則是客觀、理性，兩者是完全背道而馳的。

因此雖然一部分科學家 —— 尤其是早期科學家 —— 言之鑿鑿地宣誓自己對神的信仰，他們所追求的東西，他們追求那種東西的方式，已在實質上背離了宗教的特徵。他們在本質上是宗教的叛離者，而非乖學生，更非繼承者。神對於他們所追求的東西只是一種擬人化的目的象徵，這是一種為自己的觀點尋求精神支柱的原始信仰，而非像《聖經》那樣具體的宗教教義[1]。對於那些在歷史上翻手覆雲，覆手為雨的宗教來說，後者

1　那種對神的原始信仰是不會與科學直接衝突的，因為那種信仰只是為了給未知的東西找一個廉價的精神支點，它沒有任何細節，不具有預言能力，它永遠只是在科學的範圍之外起「作用」，同時它並不專屬於任何一種特定的宗教。而像《聖經》這樣的宗教教義則不同，它才是專屬於特定宗教，對那些宗教具有定義性的東西。為了有效地控制教徒，它必須是具體的。也正因為具體，只要承認科學原則，它就是可證偽的。這正是歷史上宗教法庭屢屢鎮壓科學的原因

才是具有定義性的東西。

　　在人類歷史上，是人創造了神，而不是神創造了人。人用神來庇護自己的無知與無助，也用神來承載自己的慾望與追求。人所創造的神正如人自身一樣，充滿了凡俗之氣。這在以《聖經》為經典的那些宗教中表現得尤為明顯，教徒們對神的頂禮膜拜，無處不是在用人間的虛榮來取悅神。宗教把充滿人類印跡的教義與品性賦予神，然後以神的名義來統治教徒；而一些科學家 —— 尤其是神學主導時期的科學家 —— 則把自己信奉的自然律賦予神，然後用神的偉大來印證自己的工作。所有這些行為，都是人的行為（而且是兩類完全不同的人的行為），神祇是大家共同的藉口與圖騰。歷史上宗教所犯下的罪惡是人的罪惡，而不是神的罪惡（這點我想教廷是不會 —— 也不敢 —— 反對的）；歷史上科學家所做出的成就則同樣是人的成就，而不是神的成就，更不是在方法與體系上與科學完全背道而馳的宗教的貢獻[2]。

　　所在。每當科學對那些具體的宗教教義造成或將要造成證偽作用時，宗教就要出來鎮壓（在鎮壓已不再可能的今天，宗教處理它與科學之間衝突的最常用手段則是歪曲、附會、欺騙、迴避等，這在神創論與進化論之爭中體現得極為明顯）。

2　就牛頓這個個例來說，還有必要指出這樣一點，那就是牛頓的神學思考大都發生在他的《原理》受到宗教勢力的攻擊之後，具有答辯的意味，而且在時間上遠遠晚於他的科學研究。

16

從普朗克的一段話談起

著名物理學家馬克斯‧普朗克（Max Planck）在《科學自傳及其他文章》（*Scientific Autobiography and Other Papers*）一書裡寫過這樣一段話：

一個新的科學真理的勝利並非來自於讓它的反對者信服和領悟，而是因為反對者逐漸死去，而熟悉它的年輕一代成長起來了。

這段話出自一位功績卓著的物理學家，卻又似乎漏洞百出，引起了一些討論，也令一些網友感到奇怪。

我覺得這是一個很好的例子，它說明人們在**討論科學或科學哲學問題時常用的一種策略，即直接援引科學家的言論，並不總是具有論證效力的**。事實上，在很多辯論中我們可以看到這樣一個有趣的現象：那就是正反雙方都可以舉出一些著名科學家的言論 —— 有時甚至是同一位科學家的言論 —— 來支持自己的觀點，或反駁對方的觀點。這種現象的出現，一方面固然是由於不同科學家或同一位科學家在不同時期的觀點有時是彼此相左的；但更重要的原因，我認為是由於科學家的許多言論都有著特定的背景及針對性，但在表述時卻沒有清楚地加以

界定（或界定了卻被引用者斷章取義），從而使人產生錯覺，以為那些觀點有比它們實際具有更大的普遍性，也為人們誤用那些觀點開啟了方便之門。

　　像上面所引的普朗克那段話，其本意只是對他自己及波茲曼當年跟唯能論者的論戰所做的感慨，或許也夾雜了對後來包括他本人在內的一些經典物理學家無法像年輕人那樣輕易接受量子力學的些許感慨。其中提到的「反對者逐漸死去」，也可能只是指反對者的學術活躍期的逐漸終結，而不一定是生命的終結。如果我們把那段話當成是一種普遍論述，就會產生漏洞百出的感覺。我聽說有些科學哲學論述甚至將那段話上升為所謂

的「普朗克原理」來詳加分析。那樣的論述在我看來完全是捕風捉影、故弄玄虛。

　　除類似於上面這樣的科學言論外，大家喜愛的許多格言也具有同樣性質：讀起來琅琅上口，不乏啟示，在文章裡引用起來也很精彩，但細究起來並不普遍成立。比如愛因斯坦曾經說過：「常識就是人在十八歲之前積累的偏見。」不知他有沒有把基本的邏輯推理算做常識？至於他還說過的「世界上最難理解的東西是個人所得稅」，就更不必提了，那想必是他老人家到美國後生出的感慨。

　　那麼，在科學家的言論中如何識別相對重要的部分呢？我的建議是看科學家是否闡釋過自己的某段言論。任何人都不可能保證自己的所有言論都面面俱到、滴水不漏。許多非正式的言論往往在不經意間用了普遍陳述的語氣，真正的含義卻很狹窄。但一般說來，特地作過闡釋的言論通常比較正式，因而會比較有價值（闡釋本身也說明科學家對該言論的慎重）。而且作過闡釋的言論，其適用範圍也往往比較清晰 —— 哪怕在闡釋過程中並未指明適用範圍，也往往能透過闡述本身來間接推斷。

17

什麼是哲學

　　首先要提醒讀者的是，不要指望在本文中找到對「什麼是哲學」這個問題的字典式回答，那樣的回答恐怕只有字典中才有。不過，這篇文章也不會完全離題，因為它要討論的是一些與「什麼是哲學」這個話題有關的東西。這個話題起源於我在完成譯作《愛因斯坦的錯誤》後與網友討論時所發的一則貼文，我在那則貼文中提到，史蒂文・溫伯格（Steven Weinberg，即那篇譯作的作者）對哲學在現代科學中的作用是持相當否定的態度的，他的《終極理論之夢》（*Dreams of a Final Theory*）一書中有一章的標題叫做「反對哲學」（*Against Philosophy*），而且他對哲學在現代科學中的作用有這樣一個評價，那就是哲學偶爾會對科學家起正面作用，但即便在那種情況下，其作用也只是防止科學家被更糟糕的哲學所汙染（大意）。

　　我引述的溫伯格的這一觀點很快引發了熱烈討論，其熱度甚至遠遠超過了我原本以為能吸引眼球的「愛因斯坦的錯誤」這一原始主題。很多網友參與了討論，使那篇文章的留言次數及字數都創了紀錄。本文主要是對我在那場由「一則貼文引發的討

論」中的觀點作一個整理及擴充，順便開闢一個新的主題作為進一步討論的場所。

我在三年多前的舊作《小議科學哲學的功能退化》中曾對類似話題進行過討論，在本文中，我將避免重複那篇文章已經敘述過的東西。在此次討論中，有網友提出了哲學影響現代科學的兩個具體例子，其中一個是愛因斯坦與波耳有關量子力學基礎的哲學爭論對諸如量子訊息、量子計算等新興領域的積極影響，另一個則是有關數學基礎的哲學爭論孕育出元數學的例子。

我先說說對那兩場「哲學爭論」的看法。我的基本看法是那些並不是哲學爭論，拿愛因斯坦與波耳關於量子力學基礎的爭論來說，那是一場非常具體的物理學爭論，尤其是愛因斯坦，他無論是試圖推翻測不準原理，還是試圖質疑量子力學的完備性（即 EPR 論文），都是從理想實驗出發的，而那些理想實驗的構築都是非常具體的物理。要說愛因斯坦利用了什麼哲學思想，那無非是有關決定論的古老信念（這是我在《小議科學哲學的功能退化》一文中所說的早期或中期科學哲學思想的一個例子），而沒有任何新的哲學。而波耳反駁愛因斯坦對測不準原理的挑戰所用的也是純物理的手段，雖然他總是喜歡順便表述一下他的互補原理，但那只不過是枝微末節的包裝。波耳對 EPR 論文的反駁倒是在實質上用到了他的互補原理，從而可以算是哲學回應，但有關 EPR 論文的爭論對後來出現的那些新興領域的影響卻是源自愛因斯坦對 EPR 實驗的構築，而不是波耳那幾

乎無人真正理解的互補原理[3]。

有關數學基礎的「哲學爭論」也類似。我們只要看看參與那場爭論的幾位代表人物的著作，比如形式主義代表人物大衛・希爾伯特（David Hilbert）的《數理邏輯基礎》（*Principles of Mathematical Logic*），直覺主義代表人物魯伊茲・布勞威爾（Luitzen Brouwer）和阿蘭德・海廷（Arend Heyting）等人的《論排中律在數學上，特別是函數理論中的重要性》（*On the Significance of the Principle of excluded middle in mathematics, especially in function theory*）和《直覺主義》（*Intuitionism*），以及邏輯主義代表人物伯特蘭・羅素（Bertrand Russell）的《數學原理》（*Principia Mathematica*），就會發現要把那些著作看成是哲學著作，就跟把愛因斯坦的《論動體的電動力學》（*On the Electrodynamics of Moving Bodies*）看成哲學論文一樣的不合理。

像這樣的討論，它們在出現的時候不僅不是哲學，而且往往是具體學科中的前沿課題，討論本身也是高度學術化的，與本質上是思辨性的哲學討論截然不同[4]。而對數學和物理的後續

3　這方面的討論可參閱拙作《紀念戈革 —— 兼論對應原理、互補原理及 EPR 等》。

4　「思辨性」這個詞就像很多其他日常概念一樣很難有非常明確的定義。我大體上是把那種主要透過邏輯推理和概念分析而進行的思考稱為思辨性的。這種思考可以是純文字性的，也可以透過對邏輯推理作形式化處理而獲得更大的準確性。它與數學的區別是很少用到邏輯以外的數學工具（比如分析、幾何、拓撲、代數等具體的數學工具）；與物理的區別則是除了很少用到邏輯以外的數學工具外，還缺乏探索性的實驗與觀測（雖然它可以將某些已知的實驗與觀測結果納入自己的分析範圍）。

發展產生真正積極影響的，也正是討論中最學術化的部分，而不是哲學（雖然很多人曾圍繞那些討論寫過很多可被歸入哲學的文字）。我們也可以看看元數學，在它的核心內容中其實並沒有什麼哲學，有的只是源自上述學術著作或學派的具體學術成果。

不過在討論中我們也注意到，人們有時會把針對一門科學的基礎所做的任何討論都籠統地稱為哲學，比如對數學基礎的討論被稱為數學哲學，對量子力學基礎的討論被稱為量子力學的哲學等等。哪怕那些討論是具體學科的研究者透過該學科慣有的研究方法所做的研究，只要一涉及學科的基礎，就會被分類為哲學。在我看來，這種做法等於是用定義的手段強行把哲學的觸角插入每一門科學的根基，這是我所不認同的。而且如果一種號稱對科學有用的「哲學」實際上只不過是用慣常的科學手段做出，卻被插上了哲學標籤的東西，那它本身就說明了這種「哲學」是根本無須單獨去學的，對於一個研究科學的人來說，他所做的只是慣常的科學研究，不能因為有人將其成果歸為哲學，就把他視為是哲學的受益者，或認為哲學對他的研究是有幫助或有必要的。

但另一方面，雖然我並不認同那種把針對科學基礎的一切討論都視為哲學的做法，但那種做法的確用得很廣，憑一句「不認同」來反駁顯然是不夠的。而且我以前通常是用「以思辨為基本方法」來作為對哲學的界定的，但如果像數學基礎和量子力學基礎那樣帶有高度技術性內容的領域都被整體性地視為了哲

學分支，那麼「以思辨為基本方法」就無法再作為對哲學的界定了。因此在這裡我打算從另外一個角度出發來做一些分析。如果我們問一個人：20 世紀後半葉最著名的哲學家或科學哲學家有哪些？我們得到的回答顯然會包含一些像托馬斯·庫恩（Thomas Kuhn）、卡爾·波普爾（Karl Popper）那樣的名字，但這個名單哪怕擴展到一百、一千，甚至把二三流大學的哲學教授都排進去了，恐怕也未必會有人會把一個像保羅·寇恩（Paul Cohen）那樣的人列入，儘管此人一生最重要的工作——提出力迫法（forcing）及證明連續統假設的獨立性——全都是在號稱是哲學分支的數學基礎領域中做出的。

這乍看之下是一個不起眼的現象，細想起來卻是很奇怪的。我們有一個叫做「哲學」的概念，也有一個叫做「哲學家」的概念，它們理應是匹配的，但一位在據說屬於哲學的研究領域中做出自己最重要工作的人，卻被公認為是純粹的數學家，甚至連在哲學家的門檻上站一站——被稱為數學家兼哲學家——的「殊榮」都沒有，這種情形在其他學科中恐怕是很難見到的。這是一個發人深思的徵兆，它表明哲學已經把自己的範圍擴展到了連自己的頭銜（哲學家）都來不及派發的領域，宛如是在進行一場連後勤工作都沒跟上的軍事冒進。

本文雖不會給「什麼是哲學」做一個字典式的回答，但對上面這個例子的分析卻啟示我們對哲學的範圍引進一個約束或判據，那就是：一個屬於哲學的研究領域起碼要滿足這樣一個條

件，即任何在該領域工作，且作出舉世公認的成就（從而可以稱「家」）的研究者都會被公認為是哲學家。考慮到一個領域可以同時屬於哲學和其他學科，那樣的研究者也可以同時被稱為其他的「家」，比如物理學家或數學家。但如果他的主要成就出自那個屬於哲學的研究領域，那麼無論該領域是否同時還屬於其他學科，他起碼應該會有同等的公認度被稱為哲學家。從事哲學研究不是搞地下活動，如果在某個領域做了一輩子的研究，且作出重大成就，居然不會被公認為是哲學家，那麼將該領域稱為哲學領域顯然是很牽強的。

不僅如此，我們還需要特別強調一點，那就是如果一個屬於哲學的研究領域包含了高度技術性的內容，比如像數學基礎或量子力學基礎那樣的領域，那麼我們有理由要求，一個在該領域工作，且作出舉世公認的成就（從而可以稱「家」）的研究者，哪怕其一生都在做純技術性的工作，而不曾發表過任何思辨性的著作，也同樣應該能被公認為是哲學家。如果不能，就說明我們起碼是不能將該領域整體性地視為哲學分支，或將該領域的研究不加區分地視為哲學研究。在那種情況下，必須對該領域中哪些類型的研究屬於哲學研究作進一步的界定，比方說把像解決連續統假設的獨立性那樣對具體問題的研究排除在外。我個人相信，一旦作了這種進一步的限定，那麼能被合理地界定為哲學的部分很可能只是思辨性的。事實上，前面提到的寇恩如果在發表研究性論文的同時多寫一些思辨性的作品，就很有可能會被同時視為哲學家（很多從事基礎研究的科學家正

是因為撰寫了有關自己研究成果的思辨性作品，而同時成為哲學家）。

　　一個在號稱屬於哲學的領域中從事純技術性工作的數學家不被稱為哲學家，相反，在同一領域中一篇技術性論文都不寫，甚至未必理解該領域，能寫出大量思辨性作品的人卻有可能被視為哲學家（比如很多哲學系的教授），哲學在這類被籠統稱為哲學的領域中真正關注的東西是什麼其實是呼之欲出的，而這種被籠統稱為哲學的領域究竟在多大程度上屬於哲學則是很值得商榷的。

官網

國家圖書館出版品預行編目資料

包立的錯誤，量子時代的革命：反覆驗證、多方討論，自錯誤中不斷進步的科學 / 盧昌海著 . -- 第一版 . -- 臺北市：崧燁文化事業有限公司, 2022.05
面； 公分
POD 版
ISBN 978-626-332-318-6(平裝)
1.CST: 科學 2.CST: 通俗作品
300　　111005218

包立的錯誤，量子時代的革命：反覆驗證、多方討論，自錯誤中不斷進步的科學

臉書

作　　者：盧昌海
編　　輯：朱桓嫿
發 行 人：黃振庭
出 版 者：崧燁文化事業有限公司
發 行 者：崧燁文化事業有限公司
E-mail：sonbookservice@gmail.com
粉 絲 頁：https://www.facebook.com/sonbookss/
網　　址：https://sonbook.net/
地　　址：台北市中正區重慶南路一段六十一號八樓 815 室
Rm. 815, 8F., No.61, Sec. 1, Chongqing S. Rd., Zhongzheng Dist., Taipei City 100, Taiwan
電　　話：(02)2370-3310　　　傳　　真：(02)2388-1990
印　　刷：京峯彩色印刷有限公司（京峰數位）
律師顧問：廣華律師事務所 張珮琦律師

定　　價：320 元
發行日期：2022 年 5 月第一版
◎本書以 POD 印製